Prüfungswissen kompakt

Dipl.-Volkswirt Reinhard Fresow

Industriefachwirte: Handlungsspezifische Qualifikationen

Repetitorium für die Handlungsbereiche:
Finanzwirtschaft
Produktionsprozesse
Marketing und Vertrieb
Wissens- und Transfermanagement
Führung und Zusammenarbeit

Inhalt nach DIHK-Rahmenplan

Aschaffenburg, Dez. 2015

Letzte berücksichtigte Klausur:
Okt. 2015

Kontakt:
mail@fachwirteverlag.de

FSC
www.fsc.org
MIX
Papier aus verantwortungsvollen Quellen
Paper from responsible sources
FSC® C105338

ISBN 978-3-95887-395-7

Bibliografische Information der Deutschen Nationalbibliothek:
Die Deutsche Nationalbibliothek verzeichnet diese Publikation in der Deutschen Nationalbibliografie; detaillierte bibliografische Daten sind im Internet über http://dnb.dnb.de abrufbar.

Umschlaggestaltung: Simone Meckel

Herstellung und Vertrieb: BoD – Books on Demand

Inhaltsverzeichnis

Vorbemerkung

Dieses Buch ist **kein Lehrbuch** für Einsteiger. Es bietet vielmehr dem, der bereits einen Kurs besucht oder auf andere Weise den Stoff gelernt hat, für die Phase der unmittelbaren Prüfungsvorbereitung Zusammenfassungen an, die auf alles verzichten, was nicht unmittelbar für die Prüfung relevant ist, aber auch nichts weglassen, was in der Klausur an Wissen gebraucht wird. Eine absolute Garantie, dass dies gelingt, kann es natürlich nicht geben. Aber annähernd ist es durchaus möglich. Am Anfang der Erarbeitung standen der Rahmenstoffplan und eine vollständige Übersicht aller bisher in diesen Klausuren gestellten Fragen. Es ist also sichergestellt, dass die Inhalte aller bis zum angegebenen Erscheinungstermin geschriebenen Klausuren berücksichtigt sind. Bei jedem Fach ist bei jedem Gliederungspunkt (der exakt dem Rahmenstoffplan folgt) kursiv angegeben, in welcher Klausur und welcher Frage das vorkam. Wer die alten Klausuren vom DIHK erworben hat, kann damit schnell zu jedem Thema die bisherigen Klausuraufgaben zum Üben finden.

Für das tiefere Verständnis der Fächer sind die Textbände und Lehrbücher unverzichtbar. Aber für die effektive Prüfungsvorbereitung unter Zeitdruck ist eine kompakte Fassung wie diese besser geeignet.

Für Käufer dieses Buches, bei denen zwischen Kaufdatum und eigener Prüfung erst noch eine weitere Prüfung dazwischen liegt, werden eventuell vorgenommene Ergänzungen der nächsten Auflage als pdf-Datei bereit gestellt unter **www.fachwirteverlag.de.**

Teil A Finanzwirtschaft

Nach den Empfehlungen des DIHK soll dieser Handlungsbereich „Finanzwirtschaft im Industrieunternehmen“ mit 45 Punkten berücksichtigt werden. Er ist unter den fünf Handlungsbereichen also überproportional vertreten. Die Fragen sind stets in der 1. Situationsaufgabe enthalten. Es wurde deshalb bei der Angabe der Fundstellen für Klausuraufgaben auf die Angabe der Situationsaufgabe verzichtet.

1. Investitionen und Investitionsrechnung

1.1 Investitionen - Fragestellung

Kriterien zur Beurteilung von Investitionen:

- Wirtschaftlichkeit
- Liquidität
- Steuerlast
- Absatzerwartungen
- Wettbewerbsfähigkeit
- Folgekosten

1.2 Investitionsarten

Nach **Verwendungsart** wird unterschieden in

- Sachinvestitionen (z.B. Anlagen);
- Finanzinvestitionen (z.B. Beteiligungen);
- immaterielle Investitionen (z.B. Personalentwicklung).

Nach **Motiv** wird unterschieden in:
Ersatz-I. = Wiederbeschaffung des gleichen Anlageguts;
Erweiterungs-I. = Erhöhung der Kapazitäten;
Rationalisierungs-I. = Kostenverringerung für gleichen Output;
Modernisierungs-I. = Anpassung an geänderte Anforderungen;
Gründungs-I. = Erst-Investition in neues Unternehmen oder neuen Standort.

1.3 Investitionsplanung

Analyse, Bewertung und Umsetzung von Investitionen.
Analyse hat u.a. die Prüfung des grundsätzlichen Investitionsbedarfs, Ausmaß und Zielrichtung der Investition zum Gegenstand.
Bewertung erfolgt mit den Methoden der Investitionsrechnung zur Beurteilung der Wirtschaftlichkeit und als Grundlage für die Entscheidung zwischen (Angebots-)Alternativen.
Umsetzung ist Aufgabe entsprechender Projektarbeit.

1.4 Investitionsrechnung

Ermittlung des Kapitalbedarfs aus dem Saldo der durch die Investition verursachten kumulierten Ausgaben verringert um die durch die Investition erzielten kumulierten Einnahmen.

Statische Rechnung = Betrachtung der Summen eines definierten Zeitraums ohne weitere Unterscheidung der Ein- und Auszahlungs-Zeitpunkte.

Dynamische Rechnung = Betrachtung der finanziellen Auswirkungen über den gesamten absehbaren Investitionszeitraum unter Berücksichtigung der Zeitpunkte.

1.4.1 Statische Investitionsrechnung

2011 Herbst, Aufg.2c

Betrachtung der durch die Investition verursachten finanziellen Größen ohne weitere zeitliche Differenzierung als Summen entweder über den gesamten geschätzten Abschreibungszeitraum oder für die 1. Einsatzperiode.

Kostenvergleichsrechnung

2013 Herbst, Aufg.4

Gegenüberstellung der (jährlichen) Kosten als Summe aus Betriebskosten, Abschreibungen, kalkulatorischen Zinsen (*Achtung: Zinsberechnung bezogen auf die durchschnittliche Kapitalbindung während der Laufzeit, also bei Abschreibung ohne Restwert zu berechnen auf die Hälfte der Anschaffungskosten!*). – Bei unterschiedlichen Kapazitäten der zu vergleichenden Investitionsalternativen Umlage der so ermittelten jährlichen Kosten auf die herstellbare Stückzahl per anno.

Gewinnvergleichsrechnung

Erweiterung der Kostenvergleichsrechnung so, dass die ermittelten jährlichen Kosten von den errechneten jährlichen Erlösen zur Ermittlung des Gewinns abgezogen werden.

Rentabilitätsrechnung

Erweiterung der Gewinnvergleichsrechnung in der Weise, dass der ermittelte Gewinn in Prozent des durchschnittlich investierten Kapitals (= Rentabilität) berechnet wird. Durchschnittlich investiertes Kapital = Hälfte der Anschaffungskosten (bzw. Anschaffungskosten plus Restwert).

Amortisationsrechnung
Vergleich der Investitionsalternativen über die Amortisationszeit = Kapitaleinsatz/Gewinn + Abschreibung pro Jahr.

1.4.2 Dynamische Investitionsrechnung

2014 Herbst, Aufg.7
Vergleich der Investitionsalternativen durch Betrachtung der Zahlungsströme unter Berücksichtigung der Ein- und Auszahlungszeitpunkte. Dabei wird entweder durch Abzinsung der erwarteten Ein- und Auszahlungen der **Barwert** zu Beginn der betrachteten Periode ermittelt oder durch Aufzinsung der **Endwert** am Ende der Periode. i = Zinssatz; n = Jahre
Abzinsungsfaktor =1 / $(1+i)^n$
Aufzinsungsfaktor = $(1+i)^n$

Kapitalwertmethode
2011 Herbst, Aufg.2a | 2013 Früh, Aufg.3 | 2014 Früh, Aufg.2
Vergleich der Investitionsalternativen über die Differenzen zwischen den Barwerten der Ein-und Auszahlungen; ein Liquidationserlös wird abgezinst und den Überschüssen zugerechnet. – **Beurteilung**: Investition ist vorteilhaft, wenn Kapitalwert >0; beim Vergleich ist Investition mit größerem Kapitalwert vorteilhafter.

***Beispiel**:*
max. Kaufpreis der Übernahme eines Unternehmens bei Mindestverzinsung von 10% und Berücksichtigung der folgenden Einzahlungsüberschüsse:
1. Jahr 250.000 | 2. Jahr 275.000 | 3. Jahr 300.000 | 4. Jahr 330.000 |5. Jahr 370.000
Abzinsungsfaktoren 1: 0,9091 | 2: 0,8264 | 3: 0,7513 | 4: 0,6830 | 5: 0,6209

Barwerte:

Überschuss	*Faktor*	*Barwert*
250.000	*0,9091*	227.275
275.000	*0, 8264*	227.260
300.000	*0, 7513*	225.390
330.000	*0, 6830*	225.390
370.000	*0, 6209*	229.733

Summe = max. Kaufpreis = 1.135.048

Annuitätenmethode

2014 Herbst, Aufg.7b | 2015 Herbst, Aufg.9

Erweiterung der Kapitalwertmethode durch Umrechnung der ermittelten Barwerte in gleiche Jahresbeträge, so dass die durchschnittlichen jährlichen Einzahlungen den durchschnittlichen jährlichen Auszahlungen als Perioden Erfolg gegenübergestellt werden können. – Beurteilung: Investition ist vorteilhaft, wenn Annuität >0; beim Vergleich ist Investition mit größerer Annuität vorteilhafter.

Methode des internen Zinsfußes

2011 Herbst, Aufg.2b

Umkehrung der Kapitalwertmethode durch Ermittlung des internen Zinssatzes, bei dem der Kapitalwert gleich 0 ist. Beurteilung des Ergebnisses durch den Vergleich mit einem festgesetzten internen kalkulatorischen Zinssatz. – Beurteilung: Investition ist vorteilhaft, wenn der interne Zinsfuß der festgelegten Mindestverzinsung mindestens entspricht; beim Vergleich ist Investition mit größerem internen Zinsfuß vorteilhafter.

Kalkulationszinssatz

Vorab festgelegter Zinssatz, mit dem die Kosten der Kapitalbindung intern kalkuliert werden. Einflussfaktoren der Festlegung können sein:
Aktueller Zinssatz für Fremdkapital;
Erwartete Entwicklung der Marktzinsen;
Vergleich mit der bei alternativer Kapitalverwendung erzielbaren Verzinsung
Gewinnvorgaben
Einrechnung einer Risikoprämie

2. Finanzierung

Ziele der Finanzierung

Liquidität:
Sicherstellung der Zahlungsfähigkeit des Unternehmens so, dass jederzeit Zahlungsverpflichtungen termingerecht erfüllt werden können.

Rentabilität:
Erreichen eines guten Verhältnisses des Gewinns zum Eigenkapital.

Dispositionsfreiheit:
Sicherung eines Entscheidungsspielraums ohne Einschränkungen durch starke Verschuldung.

2.1 Investitionen und Finanzierung

2011 Herbst, Aufg.3a

Finanzierung = Beschaffung finanzieller Mittel, aus selbst erwirtschafteten Mitteln (**Innenfinanzierung**) oder aus fremden Mitteln (Kreditfinanzierung, Beteiligungsfinanzierung; **Außenfinanzierung**).
Investition = Verwendung finanzieller Mittel zur Erhöhung der Aktiva

2.2 Kapitalbedarfsplanung

2014 Früh, Aufg.3a

Kapitalbeschaffung ist erforderlich für:
- Unternehmensgründung;
- Kapazitätserweiterung
- Erweiterung der Geschäftstätigkeit
- Entwicklung neuer Unternehmensbereiche
- Ersatz von Anlagevermögen
- Ausgleich von Verlusten

Kapitalbedarfsrechnung

2014 Früh, Aufg.3c

1. Bedarfsermittlung für Anlagevermögen = Aufwendungen für Grundstücke, Gebäude, Ausstattung, Maschinen incl. Anschaffungsnebenkosten.
2. Bedarfsermittlung für Umlaufvermögen; zu berücksichtigen u.a. Produktionszeiten, Fertigungskosten, Verwaltungs- und Vertriebsgemeinkosten; kann reduziert werden durch Verkürzung der Zahlungsziele gegenüber Kunden und der Bestellzyklen gegenüber Lieferanten.

2.3 Finanzierungsplanung

2011 Herbst, Aufg.3a | 2015 Herbst, Aufg.8a+c

Innen- und Außenfinanzierung

Unterscheidung der Finanzierungsarten nach der Herkunft der Mittel. Bei **Innenfinanzierung** erhöht sich das verfügbare Gesellschaftskapital aus eigenen Mitteln, also ohne Zufluss von außen, auch nicht von Gesellschaftern, z.B. durch nicht ausgeschüttete Gewinne. Bei **Außenfinanzierung** fließt von außen Kapital zu, zum Beispiel Erhöhung der Einlagen durch Gesellschafter.

Eigen- und Fremdfinanzierung

Unterscheidung der Finanzierungsarten nach der Rechtsstellung des Finanziers zur Gesellschaft. Bei **Eigenfinanzierung** erhöht sich das Eigenkapital entweder durch zusätzliche Einlagen bisheriger Gesellschafter oder durch den Eintritt neuer Gesellschafter. Bei **Fremdfinanzierung** steht leihweise unbefristet Kapital (Fremdkapital) von Gläubigern zur Verfügung.

Eigenfinanzierung – Formen:

Bei Innenfinanzierung durch Zurückbehaltung von Gewinnen (Selbstfinanzierung) oder aus Abschreibungsgegenwerten oder sonstiger Vermögensumschichtung. - Bei Außenfinanzierung durch Einlagen von Gesellschaftern oder Beteiligungen neuer Gesellschafter.

Fremdfinanzierung-Formen:

Bei Innenfinanzierung aus Rückstellungen. - Bei Außenfinanzierung langfristig durch Schuldverschreibungen oder Darlehen, kurzfristig durch (Lieferanten-, Kunden-, Kontokorrent-) Kredite.

Finanzierungsregeln

2011 Früh, Aufg.6c | 2014 Früh, Aufg.3b

„Goldene Finanzregel“: Deckung von Anlagevermögen und langfristig gebundenem Umlaufvermögen durch Eigenkapital (aus Kapitalerhöhung) und mittel- bis langfristiges Fremdkapital (Fremdfinanzierung aus Leasing und/oder langfristigen Darlehen).

„Goldene Bilanzregel“: Deckung des Anlagevermögens durch Eigenkapital und langfristiges Fremdkapital. – *s. auch Kap. 2.3*

Umlaufvermögen: Finanzierung kurzfristig durch
- Lieferantenkredit
- kurzfristigen Bankkredit
- Factoring.

Übersicht Finanzierungsarten

	Außen	**Innen**
Fremd	Kredite; Darlehen	Rückstellungen
Eigen	Einlagen; Beteiligungen	Gewinne

2.3.1 Fremdfinanzierung

2013 Herbst, Aufg.1

Zuführung von Kapital, das nicht der bilanzierenden Gesellschaft sondern Dritten gehört in Form von Krediten, Verbindlichkeiten, Rückstellungen. Dabei sind die häufigste Form **Bankdarlehen** und **Kontokorrentkredite** durch Geschäftsbanken.

Förderprogramme ermöglichen eine besondere Form der Fremdfinanzierung, bei der vor allem von der zu 80% dem Bund gehörenden KfW-Bankengruppe über die Hausbank des Darlehensnehmers Existenzgründer und mittelständische Unternehmer unterstützt werden.

Innen- und Außenfinanzierung
Unterscheidung der Finanzierungsarten nach der Herkunft der Mittel. Bei **Innenfinanzierung** erhöht sich das verfügbare Gesellschaftskapital aus eigenen Mitteln, also ohne Zufluss von außen, auch nicht von Gesellschaftern, z.B. durch nicht ausgeschüttete Gewinne (siehe Kapitel 3.3). Bei **Außenfinanzierung** fließt von außen Kapital zu, zum Beispiel Erhöhung der Einlagen durch Gesellschafter (siehe Kapitel 3.4).
Kontokorrentkredit der Bank zum Ausgleich kurzfristiger Schwankungen zwischen Einnahmen und Betriebsergebnis

Rating
2013 Herbst, Aufg.2
Bewertung der Kreditwürdigkeit eines Unternehmens in Form einer Benotung der Bonität im Ergebnis einer systematischen Prüfung von Kennzahlen sowie Stärken und Schwächen, entweder durch den Kreditgeber („internes Rating“) oder eine unabhängige Ratingagentur („externes Rating“). Die Ratingnote hat Einfluss auf die Verzinsung (z.B. Risikoaufschläge) und/oder die geforderten Sicherheiten *(siehe unten).*

Darlehen
2011 Herbst, Aufg.3b
Bereitstellung eines Kreditbetrages gegen Zinsen entweder als **Tilgungsdarlehen** (zusätzlich zur Zahlung von Zinsen laufende Rückzahlung) oder **Endfälliges Darlehen** (Rückzahlung des Kreditbetrages plus Zinsen am Ende der vereinbarten Laufzeit). Beim **Annuitätendarlehen** werden über die gesamte Laufzeit gleich bleibende Raten vereinbart, so dass sich der Tilgungsanteil an den Raten fortlaufend erhöht. Beim **Abzahlungsdarlehen** setzen sich diese Raten aus einer gleich bleibenden Tilgung und einem auf die jeweilige Restschuld zu zahlenden Zinsanteil zusammen, so dass die absolute Höhe der Raten kontinuierlich sinkt.

Hypothekendarlehen: durch Pfandrecht an einem Grundstück gesicherte Finanzierung.
Schuldverschreibungen: Aufteilung der Darlehenssumme auf einzelne übertragbare Titel.

Leasing

2012 Früh, Aufg.3 | 2015 Herbst, Aufg.8d
Nutzung von „gemieteten" Anlagen. Eine Leasinggesellschaft (**indirektes** L.) oder auch der Hersteller selbst (**direktes** L.) ist und bleibt wirtschaftlich und rechtlich Eigentümer der Anlagen. Der Leasingnehmer erhält für einen vereinbarten Zeitraum das Nutzungsrecht gegen Entgelt.
Vorteil: kein Kapital erforderlich; Leasingraten direkt voll steuerlicher Aufwand; zu Beginn geringerer Liquiditätsbedarf; Verbesserung von Bilanzkennzahlen (Deckungsgrad).
Nachteil: Summe der Kosten übersteigt Anschaffungskosten.

Beispiel Vergleichsrechnung Kauf oder Leasing:
Anschaffungswert 400.000 €, Nutzungsdauer 10 Jahre.
Kredit 8 Jahre Laufzeit, 6,5 % p. a. Zinsen, Tilgung in 8 Raten jeweils am Jahresende.
Leasing für 8 Jahre, Abschlussgebühr 5 %, jährliche Leasingrate 15 % jeweils am Jahresende, Kaufoption nach Ablauf: 80.000 €
Gesamtbelastungskredit: 6,5 % Zinsen auf durchschnittlich 225.000 x 8 = 117.000 + Tilgung 400.000 = 517.000.
Gesamtbelastung Leasing: Leasinggebühr 15% auf 400.000 x 8 Jahre = 480.000 + Abschlussgebühr 20.000 + Kaufoption 80.000 = 580.000.

Factoring - *2014 Herbst, Aufg.6*

Vorfinanzierung von Forderungen. Das Factoring- Institut kauft Forderungen vor Fälligkeit gegen Auszahlung des Forderungsbetrages abzüglich Gebühren (Finanzierungsfunktion), übernimmt damit die Aufgaben der Debitorenbuchhaltung (Dienstleistungsfunktion) und auch das Ausfallrisiko (Delkrederefunktion).

Echtes Factoring: Übernahme aller drei Funktionen durch den Faktor.
Unechtes Factoring: Delkredererisiko entfällt.
Offenes Factoring: Klient informiert Debitor (Drittschuldner) über das Factoring, dieser zahlt nur noch mit befreiender Wirkung an den Faktor.
Stilles Factoring: Debitor (Drittschuldner) zahlt weiter an den Lieferanten/Klienten.
Halboffenes Factoring: Klient zeigt durch Zahlungsvermerk die Zusammenarbeit mit dem Faktor an, verzichtet aber auf eine ausdrückliche Abtretungserklärung; Kunde kann weiter auch an den Lieferanten zahlen.
Vorteile des Factoring: ausbleibende Forderungsausfälle bei echtem Factoring; Kosteneinsparung der Debitorenbuchhaltung durch Dienstleistungsfunktion; Entlastung der Bilanz (Bilanzverkürzung) durch Ausnutzen von Skontierungsvorteilen; Liquiditätsvorteil.
Nachteile des Factoring: Verringerung der Rentabilität durch anfallende Kosten für Factoring-Gebühren; Imageverlust bei offenem Factoring; Aufwendungen für Sollzinsen, Vermittlungsprovision und Bearbeitungsgebühr.

2.3.2 Sicherheiten

= Absicherung von Krediten *(2015 Herbst, Aufg.8b)*

Sicherungsübereignung: Übertragung des Eigentums an Vermögensgegenständen des Schuldners, wobei –im Unterschied zur Verpfändung- der Schuldner Besitzer bleibt und die Sache weiter nutzen kann.

Grundschuld: Im Grundbuch eingetragene Belastung eines Grundstücks, das damit dem Kreditgeber als Begünstigtem für eine bestimmte Geldsumme haftet. Kann bei Fälligkeit der Forderung durch Zwangsvollstreckung realisiert werden. Die G. bleibt in der eingetragenen Höhe unabhängig vom Bestand der zugrunde liegenden Forderung bestehen.

Hypothek: Im Grundbuch eingetragene Belastung eines Grundstücks, wobei im Unterschied zur Grundschuld die H. an die Forderung gebunden ist; sie erlischt mit Wegfall der Forderung. Der Schuldner haftet für die Forderung auch über die H. hinaus mit seinem Vermögen.

2.3.3 Mezzanines Kapital

Mischform der Finanzierung, bei der durch Kapitalgeber (Banken; private-equity-Gesellschaften) den Unternehmen für eine vereinbarte Laufzeit und Verzinsung Mittel zur Verfügung gestellt werden ohne Stimmrechte für diese Kapitalgeber. Der Unterschied zur Eigenfinanzierung besteht v.a. in diesem Verzicht auf Mitspracherechte; Unterschied zur Fremdfinanzierung im Verzicht auf Sicherheiten und der Nachrangigkeit gegenüber anderen Gläubigern.

2.3.4 Eigenfinanzierung

Kapitalerhöhung

2012 Herbst, Aufg.2

Durch erwirtschaftete Eigenmittel des Unternehmens oder durch Erhöhung der Einlagen der Gesellschafter oder durch zusätzliches Eigenkapital neuer Gesellschafter. Bei der Erhöhung des Grundkapitals einer AG wird den Alt-Aktionären zum Ausgleich für den dadurch verursachten Kursrückgang ein Bezugsrecht eingeräumt.

Eigenkapitalquote = Anteil des Eigenkapitals am Gesamtkapital.

Innen- und Außenfinanzierung

Unterscheidung der Finanzierungsarten nach der Herkunft der Mittel. Bei **Innenfinanzierung** erhöht sich das verfügbare Gesellschaftskapital aus eigenen Mitteln, also ohne Zufluss von außen, auch nicht von Gesellschaftern, z.B. durch nicht ausgeschüttete Gewinne. Bei **Außenfinanzierung** fließt von außen Kapital zu, zum Beispiel Erhöhung der Einlagen durch Gesellschafter.

Private Equity: Beteiligungskapital von Anlegern an nicht börsennotierten Unternehmen.

Venture-Capital-Gesellschaften: Wagnisfinanzierungsgesellschaften, die jungen Unternehmen für die Wachstumsphase in Erwartung künftiger überdurchschnittliche Renditen Mittel zur Verfügung stellen.

2.3.5 Finanzielle Zielkonflikte

Leverage-Effekt: Erhöhung der Rentabilität des Eigenkapitals durch Einsatz von Fremdkapital; Voraussetzung für diesen Effekt ist, dass die Gesamtkapital-Rentabilität höher ist als der Zinssatz für das Fremdkapital.

Eigenkapital-R. = Jahresergebnis / Eigenkapital

Gesamtkapital-R. = (Jahresergebnis + Fremdkapital-Zinsen) / Gesamtkapital

Beispiel:

Gesamtkapital 10.000, Zinssatz für Fremdkapital 5 %; Rentabilität Gesamtkapital 10 %.

Sit.1: Eigenkapital 8000, Fremdkapital 2000; Gewinn 1000, Fremdkapitalzins 100, Reingewinn = 900; Eigenkapitalrentabilität = 900/7000 × 100 = 12,86 %.

Sit. 2: Eigenkapital 6000, Fremdkapital 4000; Gewinn 1000, Fremdkapitalzins 200, Reingewinn = 800; Eigenkapitalrentabilität = 800/6000 × 100 = 13,33 %

Liquidität

Fähigkeit, Zahlungsverpflichtungen rechtzeitig vollständig erfüllen zu können. Optimal (gleich Rentabilität maximal) ist die Liquidität, die genau ausreicht, im richtigen Moment zahlungsbereit zu sein. Über-Liquidität = mehr Zahlungsmittel als benötigt, damit Verlust an Verzinsung; Unter-Liquidität = eingeschränkte Zahlungsfähigkeit, damit Folgekosten.

Statische Liquiditätskennzahlen

Verhältniszahlen verschiedener Teile des Umlaufvermögens zu kurzfristigen Verbindlichkeiten (kurzfristigem Fremdkapital).

Liquidität 1 = bare Liquidität: „flüssige Mittel“ (Bankguthaben; Kassenbestand)

Liquidität 2 = Liquidität auf kurze Sicht: „flüssige Mittel" + kurzfristige Forderungen
Liquidität 3 = Liquidität auf mittlere Sicht: Umlaufvermögen.

Langfristige Liquiditätsanalyse
Betrachtung verschiedener Deckungsgrade zur Analyse auf Einhaltung von Finanzierungsregeln.
Deckungsgrad A = Eigenkapital/Anlagevermögen; sollte >1 sein (goldene Bilanzregel im engeren Sinne).
Deckungsgrad B = Eigenkapital plus langfristiges Fremdkapital/Anlagevermögen; sollte >1 sein (goldene Bilanzregel im weiteren Sinne). *–s. auch Kap. 3.2*

Dynamischer Liquiditätsplan
Gegenüberstellung geplanter bzw. erwarteter Einnahmen und Ausgaben im Zeitverlauf, meist monatlich.

Zielkonflikt Liquidität – Rentabilität
Kurzfristig verfügbare Mittel erbringen keine (Kasse; Bankguthaben) oder bestenfalls geringe (Tagesgeld) Verzinsung, tragen damit weniger zum Ergebnis bei und reduzieren dadurch die Rentabilität.

3. Kosten-und Leistungsrechnung

(Vorausgesetzt wird die Kenntnis des Stoffs aus dem Fach „Rechnungswesen“, Kap.3 – insbesondere der Grundbegriffe)

3.1 Kostenartenrechnung

Erfassung und Einteilung aller angefallenen Kosten.

Die Einteilung nach Arten ergibt sich dabei bereits weitgehend aus dem in der Finanzbuchhaltung verwendeten Kontenrahmen. Ziel ist, die Voraussetzungen für Kostenstellen- und Kostenträgerrechnung zu schaffen und eine Analyse der Kostenentwicklung und der Kostenstruktur zu ermöglichen. Dabei gelten als Prinzipien die Eindeutigkeit (klar definierte Abgrenzungen zwischen den Kostenarten), die Vollständigkeit (alle Kosten müssen einer Kostenart zuzuordnen sein) und die Überschneidungsfreiheit (jeder Kostenbetrag muss einer Kostenart eindeutig zuzuordnen sein).

3.2 Kostenstellenrechnung

Zuordnung von (Gemein-)Kosten zu Abrechnungseinheiten.

Kostenstellen sind die Orte der Kostenentstehung, wobei meist organisatorische Einheiten die selbstständigen Abrechnungseinheiten bilden, damit die Verantwortung für eine Kostenstelle der Zuständigkeit von Instanzen in der Aufbauorganisation folgen kann. Dabei werden die nicht direkt zuzurechnenden Gemeinkosten nach Schlüsseln auf die Kostenstellen umgelegt. Dadurch verbindet die Kostenstellenrechnung die Kostenarten- mit der Kostenträgerrechnung.

3.3 Kostenträgerrechnung

Zuordnung von Kosten zu betrieblichen Erzeugnissen

Kostenträgerzeitrechnung

Kurzfristige Erfolgsrechnung durch Verknüpfung von Kosten- und Leistungsrechnung.

Aufgaben:

- Ermittlung des Betriebsergebnisses;
- Laufende Wirtschaftlichkeitskontrolle;
- Ermittlung der Ergebnisbeiträge einzelner Kostenträger;
- Überprüfung von Ergebniserwartungen.

Kostenträgerblatt zur Ermittlung des Betriebsergebnisses gesamt und für einzelne Erzeugnisgruppen.

Aufbau:

Herstellkosten der abgesetzten Erzeugnisse
+ Verwaltungsgemeinkosten
+ Vertriebsgemeinkosten
+ Sondereinzelkosten des Vertriebs
= Selbstkosten der abgesetzten Erzeugnisse

Bruttoerlöse - Erlösschmälerungen = **Nettoerlöse**

Nettoerlöse - Selbstkosten der abgesetzten Erzeugnisse = **Betriebsergebnis**

Kostenträgerstückrechnung: Ermittlung der Herstellkosten und der Selbstkosten eines Produktes mithilfe eines Kalkulationsschemas.

Aufgaben

- Bestimmung der Preisuntergrenze
- Ableitung der Preisobergrenzen
- Ermittlung interner Verrechnungspreise
- Bewertung der Lagerbestände

Zuschlagskalkulation

2013 Früh, Aufg.1b+c

Die Kostenträgergemeinkosten werden indirekt über prozentuale Zuschlagssätze den Kostenträgern zugerechnet. - Unterschied zu Divisions- und Äquivalenzziffernkalkulation: Differenzierung zwischen Kostenträgereinzelkosten und Kostenträgergemeinkosten; setzt Differenzierung in der Kostenartenrechnung voraus. Die Kostenträgereinzelkosten dienen zugleich als Zuschlagsbasis für die Kostenträgergemeinkosten.

Zuschlagskalkulation: summarisch

Verzicht auf Kostenstellenrechnung; die Kostenträgergemeinkosten werden lediglich insgesamt für das ganze Unternehmen (kleinere Betriebe mit geringen Gemeinkosten) erfasst. Das Verfahren unterstellt für sämtliche Kostenträger und Unternehmensbereiche dieselbe proportionale Beziehung zwischen Kostenträgereinzel- und Kostenträgergemeinkosten. Kostenträgergemeinkosten werden in einer Summe auf eine bestimmte Zuschlagsbasis bezogen (i. d. R. Summe der Kostenträgereinzelkosten) und mit einem einheitlichen Zuschlagssatz verrechnet.

Zuschlagskalkulation: differenziert

Kostenträgergemeinkosten werden mit verschiedenen Zuschlagssätzen getrennt nach den Kostenbereichen Material, Fertigung, Verwaltung und Vertrieb (diese beiden werden in Klausuraufgaben oft zusammengefasst) verrechnet.

Maschinenstundensätze

2013 Früh, Aufg.1a

Die Zuschlagskalkulation führt bei der Errechnung der Fertigungsgemeinkosten (FGK) zu ungenauen Ergebnissen. Der im Rahmen der Kostenstellenrechnung errechnete FGK-Zuschlagssatz wird gleichermaßen für alle Kostenträger herangezogen. Das führt zu einer unzutreffenden Belastung der Produkte, wenn

- die Erzeugnisse die Anlagen nicht gleichmäßig beanspruchen;
- die eingesetzten Maschinen unterschiedlich hohe Kosten auslösen.

Deshalb werden die FGK getrennt in **Maschinenkosten** und Rest-FGK; die Maschinenkosten werden auf der Basis von **Maschinenlaufstunden** zugerechnet.

Divisionskalkulation

Als **einstufige** D. vereinfachtes Verfahren: die Division aller angefallenen Kosten durch die Bezugsgröße / Ausbringungsmenge ergibt Kosten je Stück (**Stückselbstkosten**)

Auf die Anwendbarkeit wird in der Fragestellung der Klausur meist hingewiesen durch die Formulierung „In einem Einproduktunternehmen…“

Die **zweistufige** D. berücksichtigt nicht nur die produzierte Menge, sondern durch Einbeziehung der Bestandsveränderungen an fertigen Erzeugnissen auch die abgesetzte Menge. Die Herstellkosten werden durch die produzierte, die Verwaltungs- und Vertriebskostgen durch die abgesetzte Menge dividiert; die Summe ergibt wieder die **Stückselbstkosten.**

Die **mehrstufige** D. unterscheidet zusätzlich zwischen Herstellkosten und Produktionsmengen verschiedener Fertigungsstufen.

Äquivalenzziffernkalkulation

Verfeinerung der mehrstufigen Divisionskalkulation in Betrieben mit mehreren ähnlichen Produkten, aber unterschiedlichen Kosten. Die wichtigste Sorte wird als Bezugsgröße =1 gesetzt, den anderen Sorten im Verhältnis des Aufwandes abweichende Ziffern zugewiesen (z.B. bei 25% höheren Kosten die Äquivalenzziffer 1,25). Die jeweiligen Produktionsmengen werden mit diesen Äquivalenzziffern multipliziert zur Ermittlung einer „Einheitsmenge“ mit rechnerisch gleichen

Stückkosten einer „Einheitssorte". Diese Stückkosten werden berechnet durch Division der Gesamtkosten durch die gesamte Einheitsmenge. Die Multiplikation der Einheits-Stückkosten mit den Äquivalenzziffern ergibt die Stückkosten je Sorte.

3.4 Deckungsbeitragsrechnung

2012 Früh, Aufg.1 | 2012 Herbst, Aufg.1 | 2013 Früh, Aufg.2

Break-even-Analyse; einstufige Deckungsbeitragsrechnung
Teil A, Rechnungswesen || 2014 Herbst, Aufg.7c+d

Mehrstufige Deckungsbeitragsrechnung
2013 Herbst, Aufg.3 | 2014 Früh, Aufg.4
Im Unterschied zur „einstufigen" DBR (Grenzkostenrechnung; direct costing), bei der neben den variablen Kosten die Fixkosten als Gesamtsumme berücksichtigt werden, erfolgt die Aufteilung und Zurechnung der fixen Kosten in mehreren Schritten.

Stufen:
Verkaufspreis - variable Kosten = DB I
- Produktfixkosten = DB II
- Bereichsfixkosten = DB III
- Unternehmensfixkosten = Betriebsergebnis

Produktfixkosten = nicht dem einzelnen Stück, aber der Produktion dieses Produkts zuzurechnende Kosten (z.B. Entwicklungskosten, Konstruktionszeichnungen).
Bereichsfixkosten = nicht einem einzelnen Produkt, aber einer Produktgruppe zuzurechnende Kosten (**Produktgruppen-Fixkosten**; z.B. Abschreibungen auf Anlagen, die zur Herstellung aller Produkte der Gruppe genutzt werden).
Unternehmensfixkosten = alle verbleibenden Fixkosten, insbesondere der Geschäftsführung, Verwaltung.

Vorteil: Entscheidungsgrundlage für eine differenzierte Beurteilung einzelner Elemente und Gruppen des Produktionsprogramms.
Nachteil: fehlende Berücksichtigung von indirekt positiven Ergebniswirkungen, z.B. Mischkalkulation komplementärer Güter.

Fremdbezug oder Eigenfertigung

Vergleichsrechnung zwischen den Kosten einer eigenen Herstellung zur Ermittlung einer Preisobergrenze und dem Beschaffungspreis bei Fremdbezug (**out-sourcing**). Fixkosten, die bei Fremdbezug weiterhin anfallen, werden folglich nicht berücksichtigt. **Preisobergrenze** = Herstellkosten ohne Material-Gemeinkosten = Material-Einzelkosten + Fertigungskosten.
Strategische Entscheidungsgründe
Für Fremdbezug: sinkende Nachfrage, Schaffung freier Kapazitäten für Wachstumsprodukte; Konzentration auf Kerngeschäft. - Gegen Fremdbezug: steigende Nachfrage; Abhängigkeit von Lieferanten; Verlust von Know-how.

Auftragsannahme

Strategische Aspekte: Kundenbindung; Neukundengewinnung; Festigung/Ausbau der Marktposition; Sicherung der Kapazitätsauslastung.
Kostenaspekte: ohne Engpass Annahme jedes Auftrags mit Deckungsbeitrag; bei Engpass Ermittlung des optimalen Produktionsprogramms.
Zusatzauftrag: Entscheidung über Annahme durch Vergleich von erzielbarem Preis mit Stückkosten unter Berücksichtigung der Fixkostendegression.
Optimales Produktionsprogramm = Verteilung der vorhandenen Kapazitäten auf die Herstellung der Produkte nach deren Deckungsbeitrag, wobei der absolute Deckungsbeitrag durch Bezug auf die Belastung des Engpasses „relativiert" wird.

3.5 Plankostenrechnung

2011 Früh, Aufg.7 | 2012 Früh, Aufg.2 | 2012 Herbst, Aufg.3 | 2014 Früh, Aufg.1 | 2015 Herbst, Aufg.7

Normalkostenrechnung

Ist-Kostensatz: Zuordnung der tatsächlich entstandenen Kosten; **Normal-Kostensatz**: Zuordnung der Kosten nach dem Durchschnittswert vergangener Perioden zum Ausgleich von Schwankungen und/oder als Grundlage für Vorkalkulation. – Differenz der Normalkosten zu Istkosten ergibt Über-/Unter-Deckung.

Weiterentwicklung zur **flexiblen** Normalkostenrechnung, die eine Berechnung der Soll-Kosten bei unterschiedlichen Beschäftigungsgraden ermöglicht durch Aufspaltung in fixe und variable Kosten.

Plankostenrechnung: Ermittlung zukünftiger Kosten aus der Abhängigkeit der Verbrauchswerte von geplanten Ausbringungsmengen.

Abweichungsanalyse: Untersuchung von Differenzen zwischen Ist-Werten und Plan-Werten der Beschäftigung und des Verbrauchs. Die **Beschäftigungsabweichung** ergibt sich aus der Differenz zwischen verrechneten Plankosten (= Plankosten / Planbeschäftigung x Istbeschäftigung) und Sollkosten (= fixe Plankosten + variable Plankosten / Planbeschäftigung x Istbeschäftigung), die **Verbrauchsabweichung** aus der Differenz zwischen Istkosten und Sollkosten.

Überbeschäftigung (=Ist-Beschäftigung > Plan-Beschäftigung) ergibt zu hohe Verrechnung von Fixkosten.

Verbrauchsabweichungen – mögliche Ursachen:

- abweichende Ausschussquote;
- unrealistische Vorgabezeiten;
- Preisänderungen bei Hilfsstoffen;
- abweichende Instandhaltungskosten.

Kennziffern - **Übersicht**
Beschäftigungsgrad = Ist-B. / Plan-B. x 100
Beschäftigungsabweichung = verrechnete Plan-K. – Soll-K.
Verbrauchsabweichung = Sollkosten - Istkosten
Gesamtabweichung = Beschäftigungsabweichung + Verbrauchsabweichung.

3.6 Weitere Verfahren der Kostenrechnung

Target Costing *2011 Herbst, Aufg.1 | 2014 Herbst, Aufg.5*
Ableitung eines zu erreichenden Kostenziels aus der Analyse eines für den gegebenen Markt anzustrebenden Preises („Target Pricing"). Es wird zuerst nach der Analyse des Marktes incl. Nutzerverhalten und Konkurrenzsituation ein Ziel-Preis ermittelt (**Zielkostenfindung**), dann mit Hilfe der Wertanalyse *(s.u.)* ermittelt, wie wichtig welche Funktionen/Komponenten des Produktes sind bzw. welche verzichtbar sind (**Zielkostenspaltung**), um schließlich bei der Herstellung des so definierten Produkts entsprechende Kostensenkungen zu realisieren (**Zielkostenerreichung**). Dadurch müssen die ermittelten Standardkosten aus der Plankostenrechnung ("drifting costs") auf die Zielkosten („allowable costs"; = Zielpreis abzüglich Gewinnspanne) reduziert werden. -
Auch anwendbar auf die Kalkulation, ob ein Auftrag angenommen werden soll. Hier werden die Zielkosten (**Target Costs**) berechnet aus den gemäß Angebot zu erwartenden Umsatzerlösen abzüglich des kalkulatorischen Gewinns, der sich aus der angestrebten Umsatzrendite ergibt (**Target Profit**).

Wertanalyse *(2014 Herbst, Aufg.5c)*
(aus: Unternehmensführung, Kap. 1.5)
Untersuchung der Funktionen bzw. Bestandteile von Produkten oder Prozessen mit dem Ziel, sie nach ihrer Bedeutung für das angestrebte Ergebnis oder für die Kundenzufriedenheit einzuteilen in unverzichtbare Hauptfunktionen, weniger wichtige Nebenfunktionen und verzichtbare Funktionen. Daraus können dann z.B. Maßnahmen abgeleitet werden, durch Reduktion weniger wichtiger Funktionen Produktionskosten im Rahmen von „target costing" zu reduzieren oder den Zeitbedarf von Prozessen zu verkürzen.

Prozesskostenrechnung
Vollkostenrechnung, die über Kostenstellen- und Kostenträgerrechnung hinaus anstrebt, alle auch indirekt in einem definierten Prozess der Erstellung der betrieblichen Leistung anfallenden Kosten zuzuordnen.
Vorgehensweise:
1. Leistungs- und Prozessanalyse zur Zusammenfassung von Aktivitäten zu Teilprozessen;
2. Kostenzuordnung zu Prozessen;
3. Kostentreiberermittlung durch Feststellung der den jeweiligen Prozess bestimmenden mit Kosten verbundenen Aktivitäten;
4. Mengenermittlung für die unter drittens festgestellten Kostentreiber;
5. Prozesskostensatz wird ermittelt aus der Division der Gesamtkosten des Teilprozesses durch die Mengen;
6. Prozesskostenkalkulation – Verrechnung der ermittelten Prozesskosten auf die Produkte.

4. Controlling

4.1 Grundbegriffe

Strategisches Controlling:
Ermittelt und analysiert Chancen und Risiken des Unternehmens zu dessen langfristiger Existenzsicherung; analysiert die Marktentwicklung; unterstützt die Entwicklung neuer Strategien und deckt Erfolgspotenziale auf.

Operatives Controlling:
Kurzfristige Planung, Kontrolle und Steuerung; Vorgabewerte konkret messbar und vergleichbar; Teilpläne sind exakt aufeinander und auf die Unternehmensstrategie abgestimmt.

4.2 Aufgaben

Planung: Festlegung der Sollwerte für eine festgesetzte Periode.
Information: Daten werden an die Verantwortlichen weitergegeben, aufbereitet und zur Früherkennung von Störungen mit Abweichungstoleranzen versehen.
Steuerung: Beeinflussung der Eingangsdaten, um eine Veränderung der Entwicklung zu erreichen.
Kontrolle: Vergleich der Soll-/Planwerte mit den Istwerten und Analyse der Ursachen.
Koordination: Zusammenführung der Teilpläne zur Gesamtplanung sowie Koordination der einzelnen Abteilungen und Führungskräfte für betriebliche Entscheidungen.

Controlling-Berichte

- **Kostenberichte:** variabe / fixe Kosten; Kostenarten; Kostenstellen; Kostenträger.
- **Absatzberichte**: nach Kundengruppen, Absatzgebieten, Produktgruppen.
- **Produktionsberichte**: Fertigungsmengen; Produktivitätskennziffern; Auslastungsgrad.
- **Materialberichte**: Lagerkennzahlen; Beschaffungskosten.
- **Personalberichte**: Beschäftigungsstand; Personalkennzahlen.
- **Finanzberichte**: Finanzkennzahlen; Liquiditätskennziffern.

4.2.1 Planung

Absatzplan

Aufstellung der in einem bestimmten Zeitraum erwarteten oder vorgegebenen Absatzmengen, meist unterteilt nach Produkten bzw. Produktgruppen, Verkaufsgebieten und kleineren Zeiteinheiten, also z.B. bei einem Jahresplan mit Monatszahlen. Kurzfristig ist der Absatzplan Grundlage für den Produktionsplan, langfristig für den Investitionsplan.

Produktionsplan

Langfristig (strategisch) die Festlegung der zu erstellenden betrieblichen Leistungen (Produktfelder).

Mittelfristig (taktisch) die Festlegung von Fertigungsbreite und Fertigungstiefe innerhalb der vorgegebenen Produktfelder.

Kurzfristig (operativ) die auf Grundlage des Absatzplans erfolgende Planung der Bereitstellung der für die Herstellung erforderlichen Produktionsfaktoren.

Personalplanung

Ausgehend vom Produktionsplan die Vorausschau auf die Entwicklung aller den Produktionsfaktor Arbeit betreffenden

Entwicklungen des Unternehmens. Dabei ist Thema des Controllings die kollektive, also das Unternehmen betreffende Personalplanung; die einzelne Mitarbeiter betreffende individuelle Personalplanung ist Aufgabe der Personalabteilung bzw. Personalentwicklung. Diese kollektive Personalplanung umfasst v.a. die Planung von Bestand, Bedarf, Einsatz und Kosten.

Finanzplan

Aufstellung der in einem bestimmten Zeitraum erwarteten oder vorgegebenen Einzahlungen und Auszahlungen und der sich daraus ergebenden Salden und Gesamtentwicklung, z.B. längerfristig zur Früherkennung von Kapitalbedarf, kurzfristiger zur Erkennung von Liquiditätsengpässen.

4.2.2 Kontrolle

Überwachung der tatsächlichen auf Übereinstimmung mit der geplanten Entwicklung, insbesondere durch planmäßige und regelmäßige Soll-/Ist-Vergleiche betrieblicher Kennziffern. Die Kontrolle im weiteren Sinne umfasst auch die Analyse und Erklärung festgestellter Abweichungen. Sie ist damit Voraussetzung für die Steuerung.

4.2.3 Steuerung

Beeinflussung von betrieblichen Ist-Größen in der Absicht, die daraus resultierenden Wirkungsketten auf die Erreichung gegebener Soll-Größen auszurichten.

4.3 Ablauf des Controlling

(siehe auch Unternehmensführung, Kap.1.2)

Iterativer (=sich wiederholender) Prozess der Schritte aus Planung, Information, Kontrolle und Steuerung, etwa entsprechend dem Management-Regelkreis:

1. Grobplanung – Ermittlung eines anzustrebenden Zustands
2. Ist-Analyse – Untersuchung der Machbarkeit und der Ausgangslage
3. Zieldefinition – Formulierung von Soll-Größen der Zielerreichung
4. Planung – Umsetzung in Strategie für Teilabschnitte mit zugehörigen taktischen Maßnahmen
5. Kontrolle - Soll-Ist-Vergleich auf Übereinstimmung von angestrebtem und erreichtem Zustand
6. Rückkopplung – Schlussfolgerungen aus Soll-Ist-Vergleich für Maßnahmen der Steuerung.

4.4 Einordnung des Controlling

Zuordnung der Verantwortlichkeit für den Tätigkeitsbereich Controlling und daraus folgend Einordnung der entsprechenden Instanzen und Stellen in der Aufbauorganisation.

Entscheidungsfaktoren:

- Unternehmensgröße
- Organisationsstruktur
- Rechtsform
- Struktur der Geschäftsführung
- Eigentumsverhältnisse.
- Beschaffungs- und Absatzmarkt

Häufige Zuordnungen: Stabsstelle beim Geschäftsführer; Geschäftsführungsfunktion; Stabsstelle beim kfm. Vorstand; dem kfm. Vorstand direkt unterstellte Linienfunktion.

4.5 operatives Controlling

2011 Früh, Aufg.8

Deckungsbeitragsrechnung

Mehrstufige Deckungsbeitragsrechnung – *siehe oben Kap.3.5*

Betriebliche Kennzahlen

2011 Früh, Aufg.8 – s. auch Kap.2.3.5

Liquidität = Fähigkeit, Zahlungsverpflichtungen rechtzeitig vollständig erfüllen zu können. Optimal (gleich Rentabilität maximal) ist die Liquidität, die genau ausreicht, im richtigen Moment Zahlung bereit zu sein. Überliquidität = mehr Zahlungsmittel als benötigt, damit Verlust an Verzinsung; unter Liquidität = eingeschränkte Zahlungsfähigkeit, damit Folgekosten.

Statische Liquiditätskennzahlen

Verhältniszahlen verschiedener Teile des Umlaufvermögens zu kurzfristigen Verbindlichkeiten (kurzfristigem Fremdkapital). Liquidität 1 = bare Liquidität: „flüssige Mittel" (Bankguthaben; Kassenbestand)

Liquidität 2 = Liquidität auf kurze Sicht: „flüssige Mittel" + kurzfristige Forderungen

Liquidität 3 = Liquidität auf mittlere Sicht: Umlaufvermögen.

Langfristige Liquiditätsanalyse

Betrachtung verschiedener Deckungsgrade zur Analyse auf Einhaltung von Finanzierungsregeln.

Deckungsgrad A = Eigenkapital/Anlagevermögen; sollte >1 sein (goldene Bilanzregel im engeren Sinne).
Deckungsgrad B = Eigenkapital plus langfristiges Fremdkapital/Anlagevermögen; sollte >1 sein (goldene Bilanzregel im weiteren Sinne). –*s. auch Kap. 3.2*

Dynamischer Liquiditätsplan

Gegenüberstellung geplanter bzw. erwarteter Einnahmen und Ausgaben im Zeitverlauf, meist monatlich.

Kostenstellenberichte – *siehe Kostenstellenrechnung, Kap.3.2*

Rentabilität (Gewinn/Kapital-Verhältnis)
2014 Früh, Aufg.4a
Eigenkapital-R. = Jahresergebnis / Eigenkapital
Gesamtkapital-R. = (Jahresergebnis + Fremdkapital-Zinsen) / Gesamtkapital
Umsatz-R. = Jahresergebnis / Umsatz

Produktivität (Ergiebigkeit des Einsatzes von Produktionsfaktoren / Ressourcen gemessen am mengenmäßigen Ausstoß)

Vergleichsrechnungen

Gegenüberstellung von Daten
- über verschiedene Zeiträume;
- zu verschiedenen Zeitpunkten;
- aus unterschiedlichen Prozessen oder Produkten;
- von verschiedenen Unternehmen bzw. Unternehmensteilen;
- aus verschiedenen Quellen.

Mögliche Probleme:
- Daten veraltet;
- unterschiedliche Erhebungsmethoden;
- abweichende inhaltliche oder zeitliche Abgrenzungen;
- Daten unvollständig.

4.6 Strategisches Controlling

Gap-Analyse (= „Lücken-Analyse“)
Untersuchung von Umfang und zeitlicher Entwicklung sich abzeichnender Differenzen zwischen angestrebten und voraussichtlich tatsächlich eintretenden Zuständen; langfristig z.B. zur Früherkennung erforderlicher Entwicklungen für neue Produkte, kurzfristig z.B. zur rechtzeitigen Erkennung von Differenzen zwischen der bei optimalem Einsatz aller Ressourcen möglichen und der tatsächlichen Entwicklung.

SWOT-Analyse
Kunstwort aus **S**trengths (Stärken), **W**eaknesses (Schwächen), **O**pportunities (Chancen), **T**hreats (Risiken). Zusammenfassende Betrachtung interner Fähigkeiten (Stärken und Schwächen) und externer Einflussfaktoren (Chancen und Risiken) zur Beurteilung von Strategien vor allem bei Expansionsplänen. Die Darstellung ergibt eine Vier-Felder-Matrix der möglichen Kombinationen dieser Merkmale. Die jeweils zugehörigen Strategien werden auch nach den Anfangsbuchstaben der Kombination benannt, z.B. ST-Strategie für das Vorgehen bei dem Zusammentreffen von internen Stärken mit externen Risiken.

Balanced Scorecard BSC
Analyse von Unternehmensdaten zur Beurteilung der Leistungsfähigkeit und Entwicklung, wobei die Ergebnisse aus vier Blickwinkeln betrachtet werden:
- Finanzperspektive
- Kundenperspektive
- Prozessperspektive
- Mitarbeiterperspektive

Benchmarking
Ursprünglich der Vergleich eigener Daten mit **externen** Werten als Bezugspunkt für die Beurteilung. Jetzt häufiger verwendet in der eingeengten Bedeutung, die eigenen Werte mit Daten des Marktführers oder Branchenbesten zu vergleichen in der erklärten Absicht, diesen einzuholen und zu übertreffen. - **Intern** auch zur Beurteilung von Mitarbeitern im Verhältnis zu anderen, z.B. im Vertrieb durch Vergleich von generierten Umsätzen, besuchten Kunden.

Produktlebenszyklus
Unterteilung der „Lebensgeschichte" eines Produkts in aufeinander folgende Phasen, die nach verschiedenen **Kriterien** voneinander abgegrenzt werden. Als Kriterium verwendet werden u.a. Umsatz, Rate des Umsatzwachstums, Marktanteil, Marktwachstum, Deckungsbeitrag oder Gewinn.
Phasen sind in den meisten Modellen:
- Einführung (Verlust; hohes Umsatzwachstum)
- Wachstum (Erreichen der Gewinnzone; gleichbleibendes Umsatzwachstum)
- Reife (sinkende Gewinnrate; Abschwächung des Umsatzwachstums durch Annäherung an die Sättigungsgrenze)
- Sättigung (weiter sinkende Gewinne; sinkender Umsatz)
- Degeneration (Gewinn gegen Null, evtl. Verlust; Entscheidung über Elimination)

Manchmal wird durch Aufnahme von Entwicklungsphase und Elimination auf ein **7-Phasen-Modell** erweitert.

Normstrategien für die verschiedenen Phasen unterscheiden sich zum Teil in Abhängigkeit von Wachstumsperspektiven und Strategien, können damit verbunden sein mit der Position in der Portfolioanalyse *(siehe unten)*
Einführung: Promotionspreise; hohe Kommunikationsdichte.
Wachstum: Expansionswerbung

Reife: flexiblere Preispolitik; Produktvariationen und Modernisierung
Sättigung: Erinnerungswerbung; Naturalrabatte
Degeneration: ggf. Elimination

Portfolioanalyse in der Version der Boston Consulting Group
Darstellung der Produkte bzw. Produktgruppen in einem Koordinatensystem aus Relativem Marktanteil (Abszisse) und Marktwachstum (Ordinate). Festlegung der Skala in Abhängigkeit von Extremwerten. Nach Halbierung beider Reihen ergibt sich eine Vier-Felder-Matrix.

Marktwachstum > Schnitt	**Question Marks**	**Stars**
Marktwachstum < Schnitt	**Dogs**	**Cash Cows**
	Marktanteil niedrig	Marktanteil hoch

Normstrategien

Question Marks (Fragezeichen; Einführungs- oder Wachstumsphase): entweder investieren, um den Marktanteil zu erhöhen, oder zurückziehen
Stars (Sterne; Wachstumsphase): investieren, um Position zu ntwickeln bzw. zu verteidigen
Cash Cows (Milchkühe; Reife- oder Sättigungsphase): nur Erhaltungsinvestitionen; Gewinn abschöpfen zur Finanzierung der anderen
Poor Dogs (arme Hunde; Sättigungs- oder Degenerationsphase): entweder eliminieren oder bei positivem Deckungsbeitrag oder wegen Synergieeffekten mit anderen Produkten oder aus Imagegründen am Leben halten.

Teil B – Produktionsprozesse

Dieser Handlungsbereich „Produktionsprozesse“ soll mit 40 Punkten berücksichtigt werden. Die Besonderheit besteht darin, dass er an beiden Prüfungstagen, also in beiden Situationsaufgaben (mit je 20 Punkten) vertreten ist.

1. Produktionsplanung

1.1 Zusammenhänge

Produktionsfaktoren betriebswirtschaftlich:
- Arbeit = ausführende Tätigkeiten durch Menschen;
- Betriebsmittel = Gebrauch von Grundstücken, Gebäuden, Maschinen;
- Werkstoffe = Verbrauch von Roh-, Hilfs-, Betriebsstoffen und Energie.
- Betriebsführung = dispositive Arbeit

Aufgabe der Betriebsführung (als „sekundärer Faktor“) ist, die für die betriebliche Leistungserstellung erforderlichen anderen drei („primären“) Faktoren zu koordinieren.

Ziel:
Die erforderlichen Faktoren in der erforderlichen Menge und Qualität zum richtigen Zeitpunkt am richtigen Ort zusammenzubringen. – Als Nebenbedingung gilt dabei stets das „ökonomische Prinzip“ eines optimalen Verhältnisses zwischen Aufwand und Ertrag, oder allgemeiner zwischen input und output.

Arbeitsplatzgestaltung *2015 Herbst, Aufg.5*
Regelung der objektiven Arbeitsbedingungen für ein optimales Zusammenwirken der menschlichen Arbeitsleistung mit Betriebsmitteln und Werkstoffen durch eine räumliche und zeitliche Anordnung, die sich an den menschlichen Fähigkeiten und Bedürfnissen orientiert, die von der **Ergonomie** untersucht werden.

1.2 Produktionsplanung

1.2.1 Produktplanung

Produktlebenszyklus

2012 Herbst, Sit.1 Aufg.4a | s. auch „Marketing und Vertrieb", Kap.1.3.2
Unterteilung der „Lebensgeschichte" eines Produkts in aufeinander folgende Phasen, die nach verschiedenen **Kriterien** voneinander abgegrenzt werden. Als Kriterium verwendet werden u.a. Umsatz, Rate des Umsatzwachstums, Marktanteil, Marktwachstum, Deckungsbeitrag oder Gewinn.
Phasen (Kennzeichen) sind in den meisten Modellen:
- Einführung (Verlust; hohes Umsatzwachstum)
- Wachstum (Erreichen der Gewinnzone; gleichbleibendes Umsatzwachstum)
- Reife (sinkende Gewinnrate; Abschwächung des Umsatzwachstums durch Annäherung an die Sättigungsgrenze)
- Sättigung (weiter sinkende Gewinne; sinkender Umsatz)
- Degeneration (Gewinn gegen Null, evtl. Verlust; Entscheidung über Elimination)

Manchmal wird durch Aufnahme von Entwicklungsphase und Elimination auf ein **7-Phasen-Modell** erweitert.
Normstrategien für die verschiedenen Phasen unterscheiden sich zum Teil in Abhängigkeit von Wachstumsperspektiven

und Strategien, können damit verbunden sein mit der Portfolioanalyse *(siehe unten)*.
Einführung: Promotionspreise; hohe Kommunikationsdichte.
Wachstum: Expansionswerbung
Reife: flexiblere Preispolitik; Produktvariationen und Modernisierung
Sättigung: Erinnerungswerbung; Naturalrabatte
Degeneration: ggf. Elimination bei fehlendem Deckungsbeitrag; evtl. Fortführung aus anderen Gründen, z.B. Erwartungshaltung der Kunden, Image-Effekte.

Produktentwicklung
2011 Herbst, Sit.2 Aufg.4b | 2012 Herbst, Sit.1 Aufg.4b -. Siehe auch Marketing und Vertrieb, Kap.2.2
Gründe für Bedeutung der Produktentwicklung:
– verkürzte Lebenszyklen der Produkte;
– Verbreiterung des konkurrierenden Produktangebots durch Globalisierung;
– Erhöhung des Kapitalrisikos.
Phasen u.a.: Ideenfindung – Ideenbewertung - Produktentwicklung – Testmodell – Umsetzung für Serienproduktion - Produktionsplanung – Einführung. – Oder: Konzeption – Produktionsplanung – Konstruktion – Fertigungsvorbereitung.

1.2.2 Fertigungsprogrammplanung

Voraussetzungen: Berechnung von „make-or-buy"-Alternativen; Ermittlung des optimalen Produktionsprogramms *(siehe dazu „Finanzwirtschaft", Kap.3.4)*;
Entscheidung über Integration von Tätigkeiten oder outsourcing
Out-sourcing *2013 Herbst, Sit.1 Aufg.5c*
Auslagerung / Fremdvergabe von Teilen der Fertigung oder Dienstleistungen. - Vorteile: Kostenersparnis; höheres Know-how des Dienstleisters; Wegfall von Kapazitätproblemen.

Mögliche Nachteile: höherer Koordinationsaufwand; steigendes Fehlerrisiko; größerer Zeitbedarf; geringere Flexibilität; Abhängigkeit.

1.2.3 Fertigungsverfahren

Nach Häufigkeit der Wiederholung

Massenfertigung: Das gleiche Produkt im gleichen Verfahren in großer Stückzahl.

Serienfertigung: Das gleiche Produkt in begrenzter Anzahl; Großserien grenzen an Massenfertigung, Kleinserien an Einzelfertigung (Problem: Rüstkosten - Losgröße).

Sortenfertigung: Fertigung eines im Kern gleichen Produkts in unterschiedlichen Varianten.

Einzelfertigung: Fertigung EINES Produkts für EINEN bestimmten Auftrag.

Nach Produktionsorganisation:

2011 Herbst, Aufg.5

Fließfertigung: Wiederholung gleicher Arbeitsgänge in gleicher Folge auf einer nach dem Produktionsprozess ausgerichteten Apparatur; nur sinnvoll bei Massenfertigung.

Reihenfertigung: Fließfertigung ohne Taktzwang bei Produkten mit unterschiedlichem Arbeitsdurchlauf; z.B. bei Sortenfertigung.

Linienfertigung: Sonderform der Reihenfertigung mit Anordnung der Arbeitsplätze nach der Arbeitsfolge.

Inselfertigung: vollständige Bearbeitung eines Teils durch eine selbständige Arbeitsgruppe.

Werkstattfertigung: Konzentration von Maschinen gleichen Typs und Arbeitsplätzen gleicher Verrichtung in einer Werkstatt.

Gruppenfertigung: Zusammenfassung verschiedener Verrichtungen am selben Objekt in einer Arbeitsgruppe.

2. Produktionssteuerung

2.1 Instrumente und Arten

2.1.1 Arbeitsstrukturierung

Zentralisierung
Zusammenfassung von Aufgaben nach Tätigkeit oder Objekt oder erforderlicher Entscheidungsgewalt.
Vorteile:
Höhere Spezialisierung; Rationalisierungspotential; besserer Überblick; einheitliche Entscheidungen; klarer Entscheidungsprozess.
Nachteile:
Geringere Flexibilität; größerer Zeitbedarf; höherer Kommunikationsaufwand; geringere Detailkenntnisse; Demotivation dezentraler Entscheidungsträger.

In der Fertigung entsprechen dem unterschiedliche **Fertigungsverfahren –** *s. Kap.1.2.3*

2.1.2 Fertigungsplanung

Umfasst im Einzelnen:
- Arbeitsplanung (Arbeitsplan, Stückliste);
- Arbeitsfolgeplanung;
- Transportplanung;
- Informationsplanung.

Arbeitsplanung
Ermitteln und Strukturieren aller für eine Fertigung erforderlichen Aufgaben, einschließlich der detaillierten Auflistung aller erforderlichen Teile (Stückliste).

Arbeitsfolgeplanung
Der im Ergebnis der Arbeitsplanung festgelegte (zeitliche) Ablauf der Arbeitsschritte.

Transportplanung
Ermitteln und Organisieren der sich aus Arbeitsplanung und Arbeitsfolgeplanung ergebenden Anforderungen an das Zuliefern von Material und die räumliche Verlagerung von Werkstücken und Halbfertigprodukten zwischen den Arbeitsschritten.

Informationsplanung
Vorbereitung für das Feststellen, Sammeln und Weitergeben der sich im Zuge der Arbeit ergebenden Daten und Fakten, die für die Fertigungssteuerung im Interesse eines optimalen Fertigungsablaufs erforderlich sind.

2.1.3 Fertigungssteuerung

2011 Früh, Sit.2 Aufg.8

Terminermittlung
Ermittlung der Anfangs- und/oder Endtermins aus der gesamten Durchlaufzeit und den verfügbaren Kapazitäten.
Vorwärtsterminierung = Berechnung von einem feststehenden Anfangstermin aus.
Rückwärtsterminierung = retrograde Berechnung des Starttermins von einem vorgegebenen Endtermin aus.

Durchlaufzeit
2011 Früh, Sit.2 Aufg.8a | 2014 Früh, Sit.1 Aufg.9
Gesamte Fertigungsdauer; ergibt sich als Summe aus:
Durchführungszeit + Zwischenzeiten + Zusatzzeit.
Durchführungszeit = Summe aller Bearbeitungszeiten (Wertschöpfungszeit).
Zwischenzeiten = Warte-, Liege- und Transportzeiten vor, zwischen und nach Arbeitssystemen.

Zusatzzeit = Sicherheitszuschlag für unplanmäßige Ereignisse.

Optimierung der Durchlaufzeit
2011 Früh, Sit.2 Aufg.8d
- Verkürzung bzw. Wegfall von Rüstzeiten durch Prozessoptimierung;
- Optimierung der Transportwege;
- Verkürzung von Liegezeiten;
- bei serieller Fertigungsfolge (= nächster Schritt startet erst nach vollständigem Ende des vorangegangenen Schrittes) Übergang zu Splitting (= Start des Folgeschrittes bei noch laufender Fertigung des vorangegangenen Schrittes mit bereits hergestellten Teilmengen).

Kanban (= „Karten")
2012 Früh, Sit.1 Aufg.4 / 2015 Herbst, Sit.1 Aufg.5
Steuerung der Lieferkette nach dem Pull-Prinzip als Bedarfsmeldung an vorgelagerte Stufen, in Japan umgesetzt über Karten, die von der Verbrauchsstelle ausgefüllt an den Transportbehältern zurückgeschickt werden.

2.1.4 Rationalisierung

2012 Früh, Sit.1 Aufg.5
Generell die Umsetzung des ökonomischen Prinzips eines optimalen Verhältnisses zwischen Aufwand und Ertrag auf die Fertigung. Je nach dem Feld, auf dem solche Optimierungsmaßnahmen durchgeführt werden kann unterschieden werden in
- **Produktorientiert** durch Vereinheitlichung von Produkten und/oder Produktbestandteilen („Baukastensystem").
- **Verfahrensorientiert** durch Verbesserung maschineller Fertigungsschritte und/oder Ersatz menschlicher Tätigkeit durch maschinelle.

- **Organisationsorientiert** durch Änderungen von Zuständigkeiten, Vorschriften und Strukturen zur Beseitigung von die Effizienz hemmenden Faktoren.

Vergleichsrechnungen
2012 Früh, Sit.2 Aufg.2
Zwischen alten / neuen Anlagen und/oder Produktionsverfahren:
Gegeben sind meist Fixkosten und variable Kosten für alt und neu, wobei für „neu“ die Fixkosten höher, die variablen Kosten niedriger sind. – Berechnung: 1. Differenz der Fixkosten; 2. Differenz der variablen Kosten; 3. Division des 1. Ergebnisses durch das 2. Ergebnis = Menge, ab der das neue Verfahren kostengünstiger ist.
Gründe für Neuanschaffungen können außer dem Ergebnis der Vergleichsrechnung sein:
- geänderte Kundenansprüche an Qualität;
- Erreichen der Kapazitätsgrenze;
- Verfügbarkeit anderer Materialien;
- geänderte Anforderungen an Gestaltung.

2.1.5 Personalbedarfsplanung

Quantitativ – Kapazitätsermittlung
2013 Früh, Sit.2 Aufg.7 | 2015 Herbst, Sit.2 Aufg.5c
Anzahl verfügbarer Mitarbeiter x Arbeitstage x Stunden/Tag – Fehlquote (Urlaub; Krankheit)
Unter- / Überdeckung = Differenz zwischen Kapazitätsbestand und Kapazitätsbedarf.
Qualitativ
Einbeziehung der für die zu planenden Tätigkeiten erforderlichen Qualifikationen und der vorhandenen Mitarbeiter mit dem geforderten Qualifikationsniveau.

2.2 Zeitwirtschaft

2012 Herbst, Sit.2 Aufg.8

Als Teil der Betriebswirtschaft: alle Aktivitäten zur Erfassung, Verwendung und Auswertung von Zeitdaten.
In der betrieblichen Praxis: alle an der Einsatzdauer ansetzenden Maßnahmen zur Durchsetzung des ökonomischen Prinzips bei der Verwendung der Produktionsfaktoren.

Kosten durch Zeitbedarf:

Produktionsfaktor	Kostenart
Mensch – ausführende Arbeit	Arbeitszeit: Lohn- und Lohnnebenkosten
Betriebsmittel	Kapitalbindung: Zinskosten; Unterhaltskosten
Material	Kapitalbindung: Zinskosten; Lagerungskosten

Möglichkeiten der Kostensenkung

s. auch Kap.2.1.3

Arbeit: Gestaltung der Abläufe; Prozessoptimierung; Mitarbeitermotivation.
Betriebsmittel: Minimierung der Rüstzeit; Mehrschichtbetrieb.
Kapitalbindung: Optimale Produktionsplanung; Fertigungsgerechte Konstruktion; Abbau von Lagerbeständen.

Zeiterfassungssystem – Einführung

1. Innerbetriebliche Klärung gemäß BetrVG;
2. Gliederung in Kostenstellen und/oder Kostenträger;
3. Festlegung der zu erfassenden Ablaufarten;
4. Bestimmung des Zeiterfassungssystems.

Istzeit-Erfassung

- Analyse und Festlegung der zu erfassenden Arbeitsschritte;
- Festsetzung der beabsichtigten Auswertungsmöglichkeiten (z.B. auftrags-, kostenstellen-, ablauf-, personen-bezogen);
- Aufstellung der neben der Istzeit zu erfassenden Daten.

Solche Daten können je nach Fragestellung sein:
- Auftragsnummer;
- Kostenstelle;
- Kostenträger;
- Personalnummer.

Methoden

Ermittlung von Zeitwerten (in Zeiteinheiten) oder von Zeitanteilen (in Prozentwerten)
Ermittlung von Globalzeiten (Erfassung der gesamten Zeit ohne weitere Differenzierung) oder von differenzierten Zeiten (Unterscheidung zwischen Grundzeiten und zusätzlichen Zeiten).

Zeitbegriffe

2014 Früh, Sit.2 Aufg.9a
Rüstzeit = Vor- und Nachbereiten einer Arbeit, umfasst normalerweise alle vorbereitenden Tätigkeiten bis einschließlich Einstellen der Maschine sowie nach der Grundzeit das Herunterfahren bzw. Bereinigen der Maschine.
Grundzeit = Arbeitsablauf selbst ohne Unterbrechungen.
In %-Zuschlägen auf die Grundzeit:
Verteilzeit = unvorhergesehene Ereignisse; Unterbrechungen
Erholungszeit = Erholvorgänge
Leistungsgrad = In % ausgedrückte Beurteilung der Intensität der beobachteten Leistung, wobei 100% „Normalleistung“ ist.

Zeitermittlungsverfahren

Zeitaufnahme

Lückenlose Erfassung des Zeitbedarfs, z.T. in einem optimierten System mit Reduzierung auf die Grundzeit; Einsatz bei sich häufig unter exakt gleichen Bedingungen wiederholenden Tätigkeiten.

Multimomentstudie

Erfassen der Häufigkeit des Vorkommens von Ereignissen durch Beobachtungen zu mehreren verschiedenen Zeitpunkten.

Anwendungsmöglichkeit: Ermitteln der Auslastung von Betriebsmitteln und/oder Mitarbeitern.

Vorteile: einfach anwendbar; geringerer Aufwand.

Nachteile: Ungenauigkeiten bei unzureichender Anzahl Beobachtungen; keine Erfassung / Berücksichtigung konkreter Umfeldbedingungen.

Systeme vorbestimmter Zeiten: Zerlegen der Aufgabe in einzelne Elemente, für die Zeitansätze festgelegt wurden; Einsatz nur bei Massenfertigung sinnvoll.

Soll-Zeiten

2014 Früh, Sit.2 Aufg.9b

Vorgabewerte für den Zeitbedarf einzelner Arbeitsschritte auf Grundlage der festgestellten Ist-Zeiten bzw. daraus errechneter Normalzeiten.

3. Produktionstechnische Rahmenbedingungen

3.1 Fertigungstechnische Rahmenbedingungen

Die gegebenen Voraussetzungen durch getroffene Entscheidungen und/oder unveränderliche Fakten, v.a. im Hinblick auf:
- Standorte und Anordnung der Betriebsmittel;
- Fertigungsverfahren *(siehe Kap.1.2.3);*
- Automatisierungsgrad.

3.2 Qualitätsmanagement

Siehe auch Kap.3.6 sowie Fach „Unternehmensführung“,

Qualitätsmanagement (QM)

Anforderungen niedergelegt in den Normen ISO 9000 ff. Im Mittelpunkt steht **Prozessvalidierung** = Prüfung eines Prozesses auf hinreichende Zuverlässigkeit zur dauerhaften Erfüllung der Anforderungen. - **Dokumentation** muss enthalten:
Qualitätspolitik und –ziele; QM-Handbuch; QM-Verfahren; Dokumente zur Sicherstellung der Planung, Durchführung und Lenkung der Prozesse; laufende Aufzeichnungen des QM.
Das **QM-Handbuch** muss stets aktualisiert werden incl. der Dokumentation von Änderungen mit dem Zeitpunkt.
Audit („Anhörung“)
Normierte (DIN ISO 19011), also standardisierte systematische Vorgehensweise zur Bewertung von Abläufen und Strukturen durch Ist-Analysen und/oder Soll-Ist-Vergleiche. Im Fo-

kus steht der exakt dokumentierte Nachweis einer genauen Einhaltung vorgegebener Methoden und Kriterien. Ziel ist allgemein, eine sichere Basis zur Leistungsverbesserung bzw. Stabilisierung des Leistungsniveaus zu erhalten.

Audit: Ziele

- Qualitätsverbesserung der Resultate des betrieblichen Leistungsprozesses;
- Sicherstellen eines gleichmäßigen optimierten Ablaufs der Prozesse;
- stetige zuverlässige Erfüllung von Kundenanforderungen;
- stetige zuverlässige Einhaltung der aus einer Zertifizierung folgenden formalen Anforderungen.

Audit: Arten nach Durchführenden

Erstparteien-Audit = vom Unternehmen selbst oder in seinem Namen durchgeführt (intern);

Zweitparteien-Audit = von Partnern (Kunden, Lieferanten) auf Grund vertraglicher Vereinbarung durchgeführt (extern);

Drittparteien-Audit = von unabhängigen Organisationen im Auftrag des Unternehmens durchgeführt (extern) – meist zur Erlangung einer Zertifizierung.

Auditoren – Anforderungen (ISO 19011)

- Diskretion, Wahrung der Vertraulichkeit;
- wahrheitsgemäße und exakte Berichterstattung;
- Sorgfalt und Qualifikation;
- Unabhängigkeit und Objektivität;
- nachvollziehbare und rationale Vorgehensweise.

Audit: Management-Aufgaben

- Benennung eines Beauftragten
- Interne Kommunikation der Bedeutung
- Festlegung der grundsätzlichen Orientierung
- Verankerung der erforderlichen Maßnahmen
- Festlegung quantifizierter Ziele
- Durchführung der Bewertungen

3.3 Umweltschutz

Umweltmanagement - Grundsätze

Vorsorgeprinzip: Einsatz von Maßnahmen zur Vorbeugung gegen das Auftreten von Umweltschäden.

Verursacherprinzip: Kosten für die Beseitigung von Umweltschäden sind von dem zu tragen, der für den Schaden verantwortlich zu machen ist.

Kooperationsprinzip: Mitwirkung aller Betroffenen (öffentliche Hand, Unternehmen, Einwohner) bei Entscheidungen und Maßnahmen zum Schutz der Umwelt.

Gemeinlastprinzip: Wenn das Verursacherprinzip nicht greift (Verursacher nicht feststellbar; nicht mehr rechtlich existent), muss die Allgemeinheit die Kosten der Beseitigung von Umweltschäden tragen.

Umweltauditgesetz als Umsetzung der EMAS regelt:
- Umweltbetriebsprüfung;
- Anforderungen an Gutachter und deren Zulassung;
- Registrierung im EMAS-Register;
- Erteilung von Fachkenntnisbescheinigungen;
- Aufsicht über Gutachter.

Umwelterklärung

Genaue Bezeichnung des Unternehmens – Aufstellung aller umweltrelevanten Tätigkeiten – Daten über Verbrauchswerte und Emissionen – Bezeichnung der Verantwortlichen.

EMAS (=**Eco-Management and Audit Scheme)**

Instrument der Europäischen Union, das „Unternehmen und Organisationen jeder Größe und Branche dabei unterstützt, ihre Umweltleistung kontinuierlich zu verbessern“.

3.4 Arbeitsschutz

Sicherheitsmanagement

Gegenstand kann sein der Arbeitsschutz, aber auch generell der Bereich bestimmter technischer Systeme, die mit besonderen Sicherheitsrisiken verbunden sind. Teilweise ist die Bestellung von Mitarbeitern zu **Beauftragten** für den entsprechenden Gefahrenbereich vorgeschrieben:
- Sicherheitsbeauftragte;
- Gefahrgutbeauftragte;
- Gefahrenstoffbeauftragte;
- Immissionsschutzbeauftragte.

3.5 Produkthaftung und Verbraucherschutz

Produkthaftungsgesetz

Bei fehlerhaftem Produkt kein (zusätzliches) Verschulden für Haftung erforderlich. - Rechtsfolge: Schadensersatz, aber 500 € Selbstbeteiligung bei Sachschäden.

Verbraucherschutz

Gilt beim Verbrauchsgüterkauf (Kauf einer beweglichen Sache durch einen Verbraucher von einem Unternehmer). - Regeln über Mängelhaftung können nicht (z.B. durch AGB) ausgeschlossen werden; eine Garantieerklärung ist zwingend vorgeschrieben. **Gewährleistung**: 24 Monate (bei Gebrauchtkauf: 12); Beweislastumkehr für 6 Monate nach Kauf. - **Gefahrübergang** erst mit Zustellung.

3.6 Innovationsmanagement

2011 Herbst, Slt.1 Aufg.6

Betriebliches Vorschlagswesen

Gestaltung der Möglichkeiten und Anreize für Mitarbeiter, Ideen und Anregungen insbesondere für Optimierungen und Kostenersparnis, aber auch andere für das Unternehmen und seine Mitarbeiter nützliche Hinweise einzubringen; dazu gehört auch die Organisation der Auswertung und Bearbeitung dieser Vorschläge und eine Regelung für die Beteiligung der Mitarbeiter an durch ihre Vorschläge eventuell erzielten finanziellen Vorteilen.

KVP (Abk. für **K**ontinuierlicher **V**erbesserungs-**P**rozess)
Weiterentwicklung bzw. Adaption von KaiZen. Ziel ist eine permanente (nicht nur schubweise) und von allen Mitarbeitern getragene Optimierung aller Prozesse durch Verbesserung der Qualität, Effizienzsteigerung des Prozesses selbst und höhere Motivation und Qualifikation der Mitarbeiter.
Ziele bzw. Methode können z.B. sein:
Qualitätskontrolle - Qualitätszirkel – Automatisierung - Produktionskontrolle – Kleingruppenarbeit - Produktivitätssteigerung - Vorschlagswesen

Qualitätszirkel

Arbeitskreise aus Mitarbeitern verschiedener Organisationseinheiten, die gemeinsam zu einem Thema, insbesondere einem Prozess, an dem alle beteiligt sind, regelmäßig auf Grundlage und durch Analyse gesammelter Erfahrungen nach Optimierungsmöglichkeiten suchen.

Rechtliche Aspekte

2013 Früh, Sit.1 Aufg.4d

Schutz eigener Innovationen vor Nachahmungen bzw. umgekehrt Berücksichtigung evtl. bereits bestehender Schutzrechte Dritter. - Schutzmöglichkeiten:

Gebrauchsmuster – „kleines Patent" zum Schutz von Erfindungen, die neu sind, auf einem erfinderischen Schritt beruhen und gewerblich anwendbar sind; durch geringeren Prüfumfang schnell erreichbar; Grundlage: Gebrauchsmustergesetz.

Geschmacksmuster – Designschutz für Form- und Farbgestaltungen; Grundlage: Geschmacksmustergesetz.

Patent - Schutz neuer technischer Erfindungen. Es verleiht seinem Inhaber nach erfolgreichem Abschluss des vorgeschriebenen Prüfungsverfahrens das auf 20 Jahre befristete Privileg, allein über die Erfindung zu verfügen. Der Patentinhaber erhält damit ein Exklusivrecht für die Verwertung seiner Erfindung.

4. Logistik als Querschnittsfunktion

Im RSP zwar als eigenes Kapitel ausgewiesen, inhaltlich aber integriert in die folgenden Kapitel, insbesondere Kap.7. – Alle bisherigen Klausurfragen wurden in den Lösungshinweisen auch Gliederungspunkten der folgenden Kapitel zugewiesen.

Aufgabe generell: Lagerhaltung, Auftragswirtschaft und Transportwesen nach Maßgabe des ökonomischen Prinzips zu koordinieren.

Aufgabe der **Beschaffungslogistik**: die für die betriebliche Leistungserstellung nötigen Inputfaktoren kostenoptimal und zur richtigen Zeit zu beschaffen, um Störungen des Betriebsprozesses (Stillstandszeiten) zu vermeiden. „Die richtigen Güter in der richtigen Qualität zum richtigen Zeitpunkt am richtigen Ort zum richtigen Preis".

Aufgabe der **Absatzlogistik:** die Ergebnisse des betrieblichen Leistungsprozesses kostenoptimal und zur richtigen Zeit zum Kunden zu bringen.

5. Bedarfsermittlung

5.1 Analysen und Methoden

Analyse-Techniken:
(siehe auch Fach „Unternehmensführung", Kap. 1.5)
2011 Früh, Sit.1 Aufg.4

ABC-Analyse *(2014 Herbst, Sit.1, Aufg.4a+b+d)*
Sortierung des Datenbestandes (Lieferanten; Warengruppen) absteigend nach quantitativer Bedeutung (Umsatz; Volumen) zur anschließenden Bildung von Gruppen, wobei etwa die größten A 20% ca. 80% des Volumens ausmachen (Pareto-Prinzip), die nächsten B 30% ca. 15% und die restlichen C 50% die restlichen 5%.
Konsequenzen der Analyse: Konzentration bei Mengenplanung und Lieferantenauswahl auf A-Artikel; bei C-Artikel wegen der geringeren Kapitalbindung eher höhere Bestände und weniger Bestellvorgänge.

XYZ-Analyse: Analyse nach Verbrauch in konstant, schwankend und unregelmäßig, nach Prognostizierbarkeit des Verbrauchs in hoch, mittel und niedrig. X = konstanter Verbrauch und hohe Prognostizierbarkeit; am anderen Ende Z = unregelmäßiger Verbrauch, schlecht prognostizierbar.
Kombinierte Analyse: Die Zusammenführung beider Analysen ergibt 9 Kombinationen mit unterschiedlichen Strategien. Extreme sind:
AX-Teile (= hoher Wertanteil; konstanter Verbrauch); fertigungssynchrone Beschaffung
CZ-Teile (= geringer Wert; unregelmäßiger Verbrauch); Vorratsbeschaffung.

Nutzwertanalyse

2013 Früh, Sit.1 Aufg.4b

Vergleich von Entscheidungsvarianten durch Vergleich der bei den verschiedenen Kriterien entstehenden Nutzenwerte, meist verbunden mit einer Gewichtung der Kriterien nach ihrer Bedeutung für die Entscheidung. Problem ist damit, die Objektivität bei der Bestimmung von Nutzenwerten und Gewichtungen zu wahren, z.B. durch Beteiligung mehrerer, auch externer Fachleute.

Vereinfachtes Beispiel für zwei Alternativen bei einer Nutzen-Skala N von 1-5 und Gewichtungsstufen X von 1-3 :

	Variante A			**Variante B**		
Krit.	N	X	Sum	N	X	Sum
Preis	4	3	12	2	3	6
Termin	2	1	2	5	1	5
Service	2	2	4	4	2	8
Leistung	5	3	15	3	3	9
Summe	(13)		33	(14)		28

Ohne Gewichtung wäre Variante B knapp vorne, nach Gewichtung ist Variante A eindeutig vorzuziehen.

Vorgehensweise:

1. Festlegung der Kriterien;
2. Bestimmen der Gewichtungen, incl. der Festlegung von KO-Kriterien, deren Erfüllung unabdingbare Voraussetzung ist;
3. Analyse der Alternativen für jedes Kriterium;
4. Multiplikation der Nutzenwerte mit der Gewichtung;
5. Summenbildungen für die Alternativen

Wertstromanalyse

Definition: Analyse des Materialflusses entlang der gesamten Wertschöpfungskette mit dem **Ziel**, unproduktive Vorgänge zu minimieren oder falls verzichtbar zu eliminieren und wertschöpfende Prozesse zu optimieren.

Unterziele:
Verringerung von Beständen; Erhöhung von Durchlaufgeschwindigkeit, Flexibilität, Qualität, Termintreue.

Methode:
1. Definition der zu analysierenden Produktgruppe
2. Ist-Analyse zur Erstellung eines Gesamt-Bildes
3. Identifizieren unproduktiver Vorgänge
4. Definition eines Soll-Zustandes
5. Umsetzung in Projektplan aus Meilensteinen
6. Realisierung des Projekts
7. Kontrolle des Erreichten; Festigung durch Standardisierung.

5.2 Wertschöpfungskette

Supply Chain Management
= Management der Wertschöpfungskette.
Lückenlose Verzahnung und Vernetzung von Materialfluss entlang der Wertschöpfungskette einerseits und Informationsfluss über Bedarfsentwicklungen vom Markt beginnend diese Kette zurück.

Wertschöpfungspartnerschaft
2013 Früh, Sit.1 Aufg.4c
Gemeinsame Entwicklung von komplexen Teilen durch Abnehmer und Lieferant bis hin zu gemeinsamer Fertigung und Qualitätskontrolle.

5.3 Vorratspolitik

Aufgabe: Sicherstellen des Vorhandenseins des erforderlichen Materials in für die geplante Produktion ausreichenden Mengen.

Servicegrad
Kennziffer für die Erfüllung der Anforderungen an die Vorratshaltung = prozentualer Anteil der vollständig ausgeführten Bestellungen an allen Bestellungen. Aus dem angestrebten Servicegrad lässt sich in Verbindung mit einem Sicherheitsfaktor, der die Wahrscheinlichkeit, diesen Servicegrad zu erreichen ausdrückt, der erforderliche Sicherheitsbestand errechnen.

Sicherheitsbestand („eiserne Reserve"; Mindestbestand)
Langfristiger Vorrat zur Vorbeugung gegen Versorgungsrisiken, der nicht bzw. nur in Notfällen angegriffen werden darf. Diese Risiken bestehen bei:
- Lieferung (abweichende Lieferzeit);
- Bestand (nicht erfasster Schwund);
- Bedarf (Differenz zwischen errechnetem und tatsächlichem Verbrauch);
- Qualität (fehlerhafte Teile der Lieferung).

Meldebestand
Die Bestandshöhe, bei der der Bestellvorgang ausgelöst werden muss, um bis zum Eintreffen der Lieferung den Sicherheitsbestand nicht zu unterschreiten. Sie ergibt sich damit aus dem Sicherheitsbestand plus dem Produkt aus durchschnittlicher Beschaffungszeit in Tagen mal Durchschnittsverbrauch pro Tag.

5.4 Bedarfsarten

Grundbegriffe

Primärbedarf

Bedarf an Ersatzteilen, Erzeugnissen und Waren, der sich aus den vorliegenden Kundenaufträgen oder Schätzung des Absatzes ergibt. In Verbindung mit Stücklisten pro Einheit kann daraus der Sekundärbedarf ermittelt werden.

Sekundärbedarf

Der Bedarf an Rohstoffen und Teilen zur Herstellung der für die Deckung des Primärbedarfs erforderlichen Erzeugnisse.

Tertiärbedarf

Bedarf an Hilfs- und Betriebsstoffen sowie Verschleißwerkzeugen.

5.5 Bedarfsermittlung

Deterministisch (programmgesteuerte; plangesteuerte; bedarfsgesteuerte) – **Push-Prinzip**

2013 Früh, Sit.2 Aufg.8 | 2013 Herbst, Sit.1 Aufg.5a | 2015 Herbst, Sit.1 Aufg.6

Primärbedarf = Bedarf an verkaufsfähigen Einheiten
= Kundenaufträge + Lageraufträge;
Konkretisierung / Detaillierung über Stücklisten der Teile, aus denen die Einheiten des Primärbedarfs bestehen = **Sekundärbedarf**;
plus Zusatzbedarf für Mehrverbrauch = Bruttobedarf
minus Bestände *(s.u. „Bestandsrechnung“)* plus Reservierungen = **Nettobedarf**

Vorteil: hohe Lieferbereitschaft; große Flexibilität
Nachteil: hohe Kapitalbindung; großer Platzbedarf.

Stochastisch (verbrauchsgesteuerte) – **Pull-Prinzip:**
Bestellvorgang ausgelöst durch Erreichen definierter Vorratsgrenze. Anwendungsfälle Verzahnung des Logistikprozesses zwischen Lieferanten und Kunden, aber auch u.a. bei Bestellung von **Tertiärbedarf** (=Hilfsstoffe u.ä., die nicht in den Stücklisten enthalten sind); Extrapolation („Hochrechnung") von Vergangenheitswerten.

Heuristisch (geschätzte)
Bei Fehlen von Daten sowohl aus Planung als auch aus Vergangenheitswerten Schätzung des Bedarfs:
- analog = in teilweiser Anlehnung an artgleiche Produkte
- intuitiv = Schätzung ohne jegliche Anhaltspunkte.

Bedarfsprognosen

Mittelwert = „Durchschnitt"; Summe der Verbrauchswerte der Vorperioden dividiert durch die Anzahl der Vorperioden.
Gleitender Mittelwert = Summe der Verbrauchswerte einer bestimmten Anzahl von Vorperioden dividiert durch diese Anzahl; nach jeder Periode Aktualisierung: Ersetzen des Wertes der ältesten Periode durch den Wert der unmittelbar abgeschlossenen Periode.
Gewogener Mittelwert = stärkere Gewichtung jüngerer Daten.
Exponentielle Glättung
Ermittlung des Vorhersagewerts für die kommende Periode V_{i+1} aus dem Vorhersagewert der alten Periode V_i plus der um einen Faktor α gewichteten Differenz zwischen tatsächlichem Verbrauchswert X_i und altem Vorhersagewert.
$V_{i+1} = V_i + \alpha\,(X_i - V_i)$

Bestandsrechnung - Erforderlich zur Ermittlung des Netto (Bestell –) Bedarfs *(siehe oben)*:

Vormerkbestand: für vorliegenden Auftrag reservierte, also nicht frei verfügbare Bestände;
Bestellbestand: noch nicht ausgelieferte Bestellungen;
Werkstattbestand: zwischengelagerte Halbfertigerzeugnisse; normalerweise fest reserviert

5.6 Dispositionsverfahren

Optimale Bestellmenge
Minimum aus Kosten der Beschaffung und der Lagerhaltung. Zielkonflikt: Große Bestellmengen reduzieren die Anzahl der Bestellvorgänge und damit die Beschaffungskosten, erhöhen aber die Kosten der Lagerhaltung.

Faktoren für Festlegung der Bestellmenge
Auf der Basis des Nettobedarfs sind vom Einkauf zusätzlich zu berücksichtigen:
- Lagerpolitik;
- Marktsituation (Preisentwicklung; Lieferfähigkeit);
- Beschaffungszeit;
- Mindestbestellmengen;
- Packungsgrößen;
- Lagerkapazitäten;
- Transportkapazitäten.

Beschaffungskosten
2013 Herbst, Sit.2 Aufg.2d | 2014 Herbst, Sit.2, Aufg.6
Mengenabhängige Kosten aus Einstandspreis mal Menge (weitere Kosten: eventuelle Mindermengenzuschläge, Fracht, Versicherung, Verpackung) plus die durchschnittlichen (men-

genunabhängigen) Kosten einer Bestellung (in der Praxis zwischen 30 – 125 €). - **Bestandteile**: Personal - und Sachkosten des Einkaufs, der Material - und Rechnungsprüfung, der Organisation.

Lagerhaltungskosten

Kosten der Kapitalbindung plus Anteil an den Lagerbetriebskosten (Abschreibungen auf Gebäude und technisches Gerät, Personalkosten, Heizung, Versicherungen etc.)

Zielkonflikt: Verringerung der Bestellvorgänge in einer Periode senkt die Summe der Beschaffungskosten, bedeutet größere Bestellmengen, was zu Erhöhung der durchschnittlichen Bestandsmenge und damit über Kapitalbindung und Lagerhaltungskosten zu höheren Lagerkosten führt.

Berechnung Andler´sche Formel

2011 Früh, Sit.2 Aufg.7

Ziel: Errechnung des optimalen Kompromisses zwischen Beschaffungs- und Lagerkosten.

Optimale Bestellmenge x_{opt} = Wurzel aus dem doppelten Produkt aus Bestellkosten k_B mal Jahresbedarf x_{ges} geteilt durch Einstandspreis EP mal Lagerhaltungskostensatz i_L (wobei $0<i_L<1$)

$$x_{opt} = \sqrt{\frac{2 \cdot k_B \cdot x_{ges}}{EP \cdot i_L}}$$

(Diese Schreibweise entspricht der IHK-Formelsammlung; in Textbänden und Lehrbüchern steht im Zähler meist 200 statt 2; dann wird aber als iL der Lagerhaltungskostensatz in Prozentpunkten eingesetzt statt wie hier als Dezimalwert, was folglich zum gleichen Ergebnis führt)

6. Beschaffungsmarkt und Einkauf

6.1 Beschaffungsmarkt

Beschaffungsmarktforschung

2011 Herbst, Sit.2 Aufg.7 | 2013 Früh, Sit.1 Aufg.4a

Anwendung der Marktforschung auf den Beschaffungsmarkt zur Gewinnung von Informationen als Grundlage für optimale Entscheidungen.

Markt-**Analyse** = Untersuchung zu einem bestimmten Zeitpunkt.

Markt-**Beobachtung** = Registrieren von Veränderungen über einen bestimmten Zeitraum.

Markt-**Prognose** = Formulierung zukünftig erwarteter Entwicklungen.

Objekte der Forschung können sein: Preisveränderungen; Veränderungen der Angebotsmengen und/oder Anbieter; technische Entwicklungen, insbesondere Alternativen.

Informationsquellen

- Interne: Lieferantendatei; Datenbank mit Angeboten; Bezugsquellensammlung.
- externe: Verbände; Branchendienste; Messen; Fachzeitschriften; Datenbanken im Internet.

Marktformen auf Beschaffungsmärkten

(siehe auch Fach VWL, Kap. 1.1)

Nach Anzahl der Marktteilnehmer einer = **Monopol**; einige = **Oligopol**; viele = **Polypol.**

Abgrenzung Oligopol / Polypol: keine Einflussmöglichkeit einzelner Marktteilnehmer auf das Marktgeschehen = Polypol.

Preispolitik:
- Beim Monopol die Möglichkeit, sich die Preis-Mengen-Kombination auf der Nachfragefunktion auszusuchen, bei der das Gewinnmaximum erreicht wird;
- Beim Oligopol alternativ Verdrängungswettbewerb (bei Dumping-Preisen illegal) oder Koexistenz oder (je nach Inhalt evtl. illegale) Kooperation;
- beim Polypol keine Möglichkeit einer aktiven Preispolitik für einen einzelnen Anbieter.

Incoterms

2012 Herbst, Sit.1 Aufg.4d

International gültige, von der Internationalen Handelskammer Paris formulierte Transport-Klauseln zur Regelung der wichtigsten Pflichten der Vertragspartner in internationalen Lieferverträgen, v.a. des Gefahrübergangs (= Zeitpunkt, zu dem das Transportrisiko wechselt), der Übernahme der Transportkosten und der Transportversicherung.

Klauseln für den **Schifftransport**:
FAS: free alongside ship/frei Längsseite Schiff
FOB: free on board/frei an Bord
CRF: cost and freight/Kosten und Fracht
CIF: cost, insurance, freight / Kosten, Versicherung, Fracht

Allgemeine Klauseln:
EXW: ex works /ab Werk
FCA: free carrier/frei Frachtführer
CPT: carriage paid to/frachtfrei
CIP: carriage and insurance paid to/
Frachtfrei versichert

Lieferantenbewertung

Ausführlicher im folgenden Kap.6.2

Kriterien:

– Preis (incl. Rabatte; Bonusregelungen; Zahlungsbedingungen);
– Qualität (kann auch beinhalten: QM-System vorhanden? Zerttifizierung?);
– Termintreue (v.a. bei fertigungssynchroner Beschaffung!);
– Service (incl. Kulanz bei Reklamationen; produktbegleitende Leistungen)

Lieferanten- Audit

siehe auch Fach „Unternehmensführung", Kap. 1.2

Als „Zweitparteien-Audit" auf Grund vertraglicher Vereinbarung durchgeführt zur Kontrolle der Einhaltung von garantierten Prozessen zur Qualitätssicherung.

Analyse-Techniken:

Siehe Kap.5.1

6.2 Einkauf

Einkauf in der Aufbauorganisation

Anwendung der Kriterien zur Entscheidung zwischen Zentralisierung und Dezentralisierung; siehe Fach Unternehmensführung, Kap. 1.3
2011 Herbst, Sit.1 Aufg.4b

Zentralisierung = Zusammenfassung von Aufgaben nach Tätigkeit oder Objekt oder erforderlicher Entscheidungsgewalt.
Vorteile: Höhere Spezialisierung; im Einkauf besonders Rationalisierungspotential durch größere Bestellmengen, mehr Verhandlungsmacht, bessere Mengenrabatte; besserer Überblick der Geschäftsführung; einheitliche Entscheidungen; klarer Entscheidungsprozess.
Nachteile: Geringere Flexibilität; größerer Zeitbedarf; höherer Kommunikationsaufwand; geringere Detailkenntnisse.

Beschaffungspolitik

Planung bzw. Ermittlung von
- Bedarfsmengen (s. Kap.5.5)
- Bestellmengen (s. Kap.5.6)
- Bestellzeitpunkt
- Beschaffungsprinzip

Bestellzeitpunkt

Neben den sich aus dem Bedarf ergebenden Ermittlungen des Zeitpunkts (siehe Kap. 5.6) hat der Einkauf evtl. zu berücksichtigen:
- Ausnutzen bzw. Abwarten zeitlich befristeter Aktionen von Lieferanten;
- Ausweichen vor bzw. Vorbeugen gegen Preiserhöhungen<,
- Gefahr von Lieferengpässen;
- Abnahmemengen im mit Lieferanten vereinbarten Geschäftsjahr zum Ausnutzen von Bonus-Regelungen.

Eigenfertigung – Fremdbezug (make-or-buy)

Vorteile Fremdbezug:

- keine Investitionen;
- Reduzierung der Fixkosten;
- Know-how beim Lieferanten vorhanden.

Nachteile Fremdbezug:

- Abhängigkeit;
- geringere Auslastung
- evtl. Konkurrenz;
- Know-how-Verlust;
- Wissenstransfer.

Sourcing-Konzept

Allgemein die Beschaffungsstrategie eines Unternehmens im Hinblick auf die Lieferquellen. Unterscheidungen nach Anzahl der Quellen in Single- und Multi-Sourcing; nach geographischer Lage in local und global; nach Komplexität der Teile in unit und modular; nach Hersteller in Eigen- und Fremdfertigung.

Single- / Multi-Sourcing

Art	Vorteile	Nachteile
Single	Routine; Rabatte	Abhängigkeit
Multi	Flexibilität; Preis-Wettbewerb	Bestellaufwand; Bestellmengen

Global Sourcing

Weltweite Beschaffung; Vorteile: niedrigere Preise (Lohnkosten), größere Auswahl, Zugang zu neuen Produkten / Materialien, evtl. Währungsvorteile.

Unit – modular

„unit“ = Beschaffung der einzelnen Teile; „modular“ = Beschaffung komplexer Teile.

Versorgungskonzepte

2012 Früh, Sit.2 Aufg.1 | 2014 Früh, Sit.1 Aufg.8

Einzelbeschaffung

Einkauf durch einen einmaligen einzelnen Bestellvorgang, meist wegen eines konkreten Auftrages zur Einzelfertigung. Damit besteht kein Lagerrisiko.

Fertigungssynchrone Beschaffung („just-in-time“)

Abstimmung des Lieferzeitpunktes mit dem Fertigungsprogramm in der Weise, dass das Material direkt ohne zwischengeschaltete Lagerung verarbeitet werden kann. Damit Minimierung der Lagerkosten bei Erhöhung des Versorgungsrisikos. Voraussetzung: Prognostizierbarkeit des Bedarfs, Liefer- und Termintreue der Lieferanten, Verlagerung der Qualitätskontrolle auf Lieferanten.

Vorratsbeschaffung

Einkauf des voraussichtlichen Bedarfs für einen bestimmten Zeitraum zur Einlagerung. Damit kein Versorgungsrisiko zu Lasten höherer Lagerkosten.

Angebotsvergleich - Lieferantenauswahl

2011 Früh, Sit.1 Aufg.4 | 2013 Herbst, Sit.2 Aufg.1c | 2014 Früh, Sit.2 Aufg.10 | 2014 Herbst, Sit.2, Aufg.5

Beurteilung verschiedener Lieferantenangebote nach gleichen **Kriterien**:

Angebotspreis = Bruttopreis – Rabatte + Zuschläge

Skontierungsmöglichkeiten

Nebenkosten (Transportkosten oder Lieferung „frei Haus“);

Qualitäten;

Liefertermine, Lieferzeiten;

Verbindlichkeit des Angebots (Befristung? Unverbindlichkeit durch Freizeichnungsklausel „ohne Obligo“?)

Lieferantenbewertung – Kriterien:
- Preis
- Zahlungsbedingungen
- Rabatte und Boni
- Qualität /Qualitätsmanagement
- Termintreue
- Service

Einkaufsverhandlungen

Vorbereitungen und **Checklisten** für Gesprächsführung; u.a.:
- Entwicklung von Liefermengen, Umsätzen und Preisen in der Vergangenheit;
- Alternativen bzw. Abhängigkeitsgrad sowohl für Besteller wie für Lieferanten;
- falls Alternativen: Konditionen vorliegender Angebote;
- Marktentwicklung; Marktstellung des Lieferanten;
- aktuelle Situation, Interessenlage des Lieferanten;
- Zeitdruck für Abschluss vorhanden?

Maßnahmen zur Senkung von Beschaffungspreisen:

2013 Herbst, Sit.2 Aufg.1b

Alternative Bezugsquellen
Alternative Produkte
Intensivierung des Angebotsvergleichs
Höhere Rabattierung durch größere Abnahmemengen (Rahmenverträge)
Vereinbarung günstigerer Zahlungsbedingungen / längerer Zahlungsziele

Vertragsarten

2013 Herbst, Sit.1 Aufg.5b

Rahmenverträge: längerfristige Vereinbarungen über Preise und Konditionen für bestimmte spezifizierte Produkte. Innerhalb der Rahmenverträge erfolgen dann Abrufbestellungen.
Abrufverträge: Vereinbarung der Abnahme einer bestimmten Menge in definiertem Zeitraum; Abruf erfolgt ohne weitere Bestellung.
Sukzessivlieferungsvertrag: Abrufvertrag mit festgelegten Lieferterminen.
Spezifikationskauf: Vertrag nur über Materialart, Menge und Grundpreis, auf dessen Grundlage dann die einzelne Bestellung nach genauen Formen, Sorten und Maßen spezifiziert werden muss.
Konsignationslagervertrag: Einlagerung der Ware durch Lieferanten beim Kunden, wobei die Ware bis zur Entnahme Eigentum des Lieferanten bleibt.
Streckengeschäft: Lieferung im Auftrag des bestellenden Unternehmens an einen Dritten (Dreiecksgeschäft).

Zahlungsbedingungen

2013 Herbst, Sit.1 Aufg.5b

Vereinbarung eines **Zahlungsziels** („Lieferantenkredit"); Zeitdauer = „Valuta"; in Deutschland üblich 30 Tage ohne Skonto. Sicherung durch Eigentumsvorbehalt; Skonto für Zahlung vor Ablauf.
Ratenzahlung: Aufteilung des geschuldeten Betrages in Teilzahlungen mit fest stehenden, meist periodischen Zahlungszeitpunkten.
Vorkasse = Lieferung nach Zahlung einer Vorausrechnung.

Lieferbedingungen *(s. auch Incoterms, Kap.6.1)*
Regelung von Transportmittel, Kosten der Lieferung, Risiken, Gefahrübergang.

7. Lager und Transportwesen

7.1 Lagerwesen

Lagerfunktionen

Pufferfunktion (Ausgleichsfunktion): Mengen-und zeitmäßiger Ausgleich zwischen dem Anfall des Materials und dem Bedarf.

Sicherheitsfunktion: Schaffen der Voraussetzungen für eine ungestörte Produktion, auch bei Schwankungen der Kapazitätsauslastung.

Spekulationsfunktion: Abmildern von Preisschwankungen auf dem Beschaffungsmarkt durch entsprechende zeitliche Gestaltung der Bestellungen.

Transformationsfunktion (Produktivfunktion): erwünschte, zuteil bewusst herbeigeführte Veränderung der Eigenschaften gelagerter Materialien.

Lagerplanung

Entscheidung über Standort, Größe, Struktur und Ausstattung.

Kriterien:

Infrastruktur (verkehrstechnische Rahmenbedingungen);

geographische Lage (Entfernung zu Anlieferern einerseits, zur Produktion andererseits);

Materialanforderungen (materialbedingt erforderliche Eigenschaften wie Tragfähigkeit des Bodens, klimatische Verhältnisse im Lager);

Lagerordnung (Grad der Automatisierung, z.B. bei chaotischer Lagerhaltung);

Flexibilität (vorhandene Spielräume für eventuell erforderliche bauliche Änderungen und Erweiterungen).

Lagerkosten
- Abschreibungen auf Gebäude und Einrichtung
- Wartung und Service, incl. Software
- Maschinenkosten
- Personalkosten
- Versicherungen
- Verwaltung
- Energie- und sonstige Verbrauchskosten

Lagerarten
Eingangslager – Werkstattlager – Betriebsstofflager – Erzeugnislager.

Kommissionierung
Auftrags- (verwendungs-)gerechte Zusammenstellung von Teilmengen.

Materialausgabe
Anlieferung zur Bedarfsstelle bzw. dem Bedarfsträger = Bringsystem
Entnahme aus dem Lager durch bzw. auf Veranlassung von Bedarfsträger = Holsystem.

Verbrauchsfolge

Regelung, nach welchem Prinzip aus dem Bestand gleichartiger Güter zuerst entnommen wird; dabei geht es v.a. auch darum, die Preise welcher Beschaffungszeit bei der Entnahme zugrunde gelegt werden und umgekehrt zu welchen Preisen der verbleibende Bestand zu bewerten ist.
FIFO (First in – First out): zuerst eingelagerte Güter werden zuerst verbraucht, damit die ältesten bzw. mit der längsten Lagerdauer. Geboten bei begrenzt haltbaren Gütern. In der Lagerorganisation Problem der Zugriffsmöglichkeit.

LIFO (Last in – First out): zuletzt eingelagerte Güter werden zuerst verbraucht, damit die jüngsten bzw. mit der kürzesten Lagerdauer. Nicht zweckmäßig bei verderblichen Gütern; einfache Organisation des Zugriffs.
In der Praxis von geringerer Bedeutung und für die Bewertung nicht zulässig:
HIFO (Highest in – First out): teuerste Güter werden zuerst verbraucht; damit rechnerisch höherer Umsatz und geringere Bewertung der Lagerbestände.
LOFO (Lowest in – First Out): die am günstigsten beschafften Güter werden zuerst verbraucht; damit rechnerisch niedrigerer Umsatz und höhere Bewertung der Lagerbestände.

Kennzahlen

2011 Früh, Sit.2 Aufg.7c | 2011 Herbst, Sit.2 Aufg.6 | 2013 Herbst, Sit.2 Aufg.2
Lagerbestand (Grobrechnung) = (Anfangsbestand + Endbestand) / 2
Lagerbestand (Feinrechnung) = (Anfangsbestand + Summe Monatsendbestände) / 13
Umschlaghäufigkeit = Materialverbrauch / Durchschnitt Lagerbestand
Lagerdauer = Durchschnitt Lagerbestand x 360/Materialverbrauch
Lagerkosten = Durchschnitt Lagerbestand x Lagerkosten pro Stück
Kapitalbindung = Durchschnitt Lagerbestand x Einkaufspreis pro Stück
Reichweite = Lagerbestand / Bedarf pro Tag

Bestandsmanagement

Kontrolle der Bestände mit Hilfe der Kennzahlen auf Einhaltung der Lagerpolitik im Konflikt zwischen Minimierung der Kapitalbindung und Sicherung eines reibungslosen Produktionsprozesses.

7.2 Transportwesen

Interne Transportsysteme („Fördermittel")
Einsatzkriterien:
- Fördergut
- Förderintensität
- Förderstrecke
- Fertigungsprinzip.

Externe Transportsysteme
Auswahlkriterien:
- Kosten
- Zeitbedarf
- Flexibilität
- Zuverlässigkeit
- Termintreue
- Umwelt-/Sicherheits-Vorschriften.

Transportwege

Straße: flexibel; flächendeckend; kostengünstig – Staugefährdet; umweltschädlich
Schiene: kostengünstig bei schweren Gütern; sicher; umweltfreundlich – unflexibel; Umladungen erforderlich.
Wasserwege: kostengünstig bei Massengütern; umweltfreundlich – langsam; wetterabhängig
Luft: schnell; zuverlässig – teuer; umweltschädlich.

Verladung

Sicherung der Ladung; Beteiligte und ihre Verantwortung (§ 412 HGB):
- **Absender** (verantwortlich für Beförderungssicherheit);
- **Frachtführer** (verantwortlich für Betriebssicherheit);
- **Verlader** (ordnungsgemäßer Zustand des Transportmittels);

- **Fahrzeughalter** (Eignung Fahrzeug und Fahrzeugführer);
- **Fahrzeugführer** (Kontrolle der ordnungsgemäßen Sicherung und gleichmäßigen Verteilung der Ladung);
- **Arbeitgeber** (Einhaltung von Maßnahmen des Arbeitsschutzes und der Arbeitszeiten).

Verpackung – Funktionen:
Schutzfunktion – gegen Umwelteinflüsse;
Transportfunktion – zur einfachen und raumsparenden Beförderung;
Informationsfunktion – farbliche Differenzierungen, Aufdruck von Informationen über Inhalt;
Verkaufsfunktion – ästhetische Anmutung
Verwendungsfunktion – recyclebar.

Verpackungsverordnung - Unterscheidungen in:
Verkaufsverpackung = Verpackungen, die als eine Verkaufseinheit angeboten werden und beim Endverbraucher anfallen.
Umverpackung = Verpackungen, die als zusätzliche Verpackungen zu Verkaufsverpackungen verwendet werden und nicht für die Abgabe an den Endverbraucher erforderlich sind.
Transportverpackung = Verpackungen, die den Transport von Waren erleichtern, die Waren auf dem Transport vor Schäden bewahren oder die aus Gründen der Sicherheit des Transports verwendet werden (also z.B. auch Paletten); müssen wenn nicht anders vereinbart vom Absender zurückgenommen werden.
Getränkeverpackungen = geschlossene oder überwiegend geschlossene Verpackungen für flüssige Lebensmittel.
Mehrwegverpackungen = dazu bestimmt, nach Gebrauch mehrfach zum gleichen Zweck wiederverwendet zu werden.
Einwegverpackungen = Verpackungen, die keine Mehrwegverpackungen sind.

8. Entsorgungslogistik

8.1 Objekte

Abfälle zur Verwertung, Beseitigung, Überwachung. – **Arten**:
- Materialabfall (Reste aus der Produktion);
- Fertigungsausschuss (nicht verwendungsfähige Mängelware);
- Fertigungsüberschuss (nicht mehr absetzbare Produkte);
- Packmittel (Verpackungen aus Warenbezug; von Kunden zurückerhaltene eigen Verpackungen);
- Altmaschinen (ausrangierte Anlagen).

8.2 Entsorgungsmanagement

Aufgaben gemäß Kreislaufwirtschafts- und Abfallgesetz (und in dieser Reihenfolge zu beachten):
1. Abfallvermeidung
2. Abfallverminderung
3. Abfallverwendung
4. Abfallbeseitigung

Abfallvermeidung / Abfallverminderung
Materialsparende, insbesondere Materialabfall minimierende Konstruktion der Produkte und Planung des Herstellungsprozesses; Optimierung von Beschaffung und Lagerhaltung; Einsatz von Mehrwegsystemen.

Abfallbehandlung
„**Recycling**" = Sammlung und ggf. Aufbereitung entstandener Abfälle in einer Weise, die eine Rückführung in den betrieblichen Produktionsprozess ermöglicht; entweder zur **Wiederverwendung** im ursprünglichen Verwendungszweck oder zur **Weiterverwendung** in einem (meist untergeordneten) Zweck.

Abfallbeseitigung
- Verbrennung („thermische Verwertung");
- Ablagerung (Mülldeponien);
- Einleitung (von Flüssigkeiten in Kläranlegen und Gewässer);
- Emission (Ausstoß von Rauch und Abgasen).

Teil C – Marketing und Vertrieb

Nach den Empfehlungen des DIHK soll dabei dieser Handlungsbereich „Marketing und Vertrieb“ mit 35 Punkten in der 2. Situationsaufgabe berücksichtigt werden; in der Prüfungswirklichkeit schwankte die hier vergebene Punktzahl bisher zwischen 32 und 40, verteilt meist auf vier Fragestellungen.

1 Marketingplanung

1.1 Marketingprozess

Einordnung der Marketing-Aktivitäten in den Betrieb:
- Fallweise Erledigung durch Verkaufsabteilung
- Stabsstelle beim Verkauf
- Eigenständige Marketing-Abt. neben Verkauf
- Übergeordnete Marketing-Abt.
- Marketing-Management als übergeordnete Aufgabe.

Marketing-Konzeption:
Umfassender Plan von langfristiger Zielsetzung über Strategien bis zum operativen Einsatz der Marketing-Instrumente, der auf Kenntnis der Märkte basiert.

Marketing-Prozess:
(siehe auch 1.4 Marketingplanung)
Ist-Analyse (Marktforschung; Konkurrenzanalyse) - Prognose - Zielformulierung – Strategieentscheidung – Festlegung Marketing-Mix – Umsetzung - Controlling.

Ziel = erwünschte Zustände, die in der Zukunft liegen.

1.2 Marketing-Ziele

Ziel = angestrebter Zustand; Formulierung lässt **Strategie** (=Weg zum Ziel) offen.
*2014 Herbst, Aufg.7*b

Zielarten:
quantitativ = unmittelbar in Zahlen auszudrücken; qualitativ („psychographisch") = auf Merkmale bezogen, nur auf Umweg in Zahlen auszudrücken.
Zielformulierung:
- lösungsneutral;
- messbar;
- anspruchsvoll, aber realistisch;
- verbindlich und akzeptiert.

Auch als **SMART**-Formel:
Spezifisch (präzise; klar abgegrenzt)
Messbar (quantitative Kriterien auch bei qualitativen Zielen für Soll-Ist-Vergleich, Kontrolle der Zielerreichung)
Attraktiv (auch: akzeptiert; anspruchsvoll)
Realistisch (erreichbar aber „sportlich")
Terminiert (Festlegung eines Zeitrahmens bzw. Zeitpunkts)

Marketing-Ziele -*Beispiele:*
Ökonomische Ziele (= **quantitative** Ziele)
- Marktanteil (absolut = gemessen am Marktvolumen; relativ = gemessen am Marktführer);
- Gewinnentwicklung;
- Umsatzziel.

Außer-ökonomische Ziele (= **qualitative** Ziele)
- Etablieren in einem bestimmten Preissegment *(s. Kap.2.3)*
- Bekanntheitsgrad;
- Kundenzufriedenheit;
-Kundenbindung.

Corporate Identity
2012 Herbst, Aufg. 3d
Stilisierung des Unternehmens zu einer eigenen „Persönlichkeit“ mit einem erkennbaren Charakter und typischen Profil durch ein klares Selbstbild.
Enthält einheitliche Regelungen zu
Corporate Design (Erscheinungsbild): Farbe; Schrift; Logo
Corporate Behaviour (Verhalten): Umgang mit Geschäftspartnern und Mitarbeitern im Einklang mit den Normen des Leitbildes.
Corporate Governance (Führungsgrundsätze; s.o.): Transparenz; Unbestechlichkeit
Corporate Communication (Kommunikation): Sprachstil, Ausdrucksweise

1.3 Marketingstrategien

Mittel- bis langfristig wirksame Entscheidung über den zur Zielerreichung einzuschlagenden Weg; Grundlage für taktische und operative Entscheidungen über den Einsatz der Marketinginstrumente.

1.3.1 Arten von Strategien

Je nach Inhalt der Entscheidung über:
- Absatzmarkt (räumlich und/oder nach Zielgruppen);
- Wettbewerbsverhalten (gegenüber Konkurrenten und/oder hinsichtlich eines Wettbewerbsvorteils);
- Wachstumspläne und –richtung;
- vorrangige Art der Kundenbeeinflussung
- Zeitpunkt des Markteintritts bei neuen Märkten.

Strategien Absatzmarkt

Räumlich: z.B. regional – national – global

Zielgruppen

undifferenziert (= Bearbeitung aller Zielgruppen, damit des Gesamtmarktes);
differenziert (= **Segmentierung** des Marktes in unterschiedliche Zielgruppen, die auch mit unterschiedlichen Kombinationen der Marketing-Instrumente angesprochen werden);
konzentriert (= Bearbeitung nur einer Zielgruppe, damit eines Teilmarktes).

Strategien Wettbewerbsverhalten (im Oligopol)

Kooperationsstrategie = Zusammenarbeit zur Marktentwicklung; Abstimmung über gemeinsame Interessen; technische Kooperationen.

Anpassungsstrategie = Ableitung des eigenen Verhaltens aus dem der Wettbewerber oder des Marktführers, entweder imitativ (nachahmend) oder ausweichend als Suche nach Markt-Nischen.

Konfliktstrategie = auf Erhöhung des eigenen Marktanteils gerichtet; Konflikt über Produktinnovation und/oder Preiskampf bis hin zu Verdrängungswettbewerb.

Strategien Wettbewerbsvorteil (nach Porter)

Kombination aus den Merkmalen Leistungs- oder Kostenvorteil einerseits und Grad der Marktabdeckung andererseits zu einer Vier-Felder-Matrix mit den Varianten:

- Qualitätsführerschaft (Leistungsvorteil + Gesamtmarkt)
- Preisführerschaft (Kostenvorteil + Gesamtmarkt)

und bei Abdeckung nur eines Marktsegments:

- Produkt-Segment-Spezialisierung (Leistungsvorteil)
- Segment-Niedrigpreisstrategie (Kostenvorteil)

Strategien zu Wachstum

(siehe auch 1.3.2 Ansoff-Matrix)
2013 Früh, Aufg. 4

Marktdurchdringung = mit vorhandenem Produktprogramm Maximierung des Marktanteils.
Marktentwicklung = Erschließung neuer Märkte (neue Regionen und/oder neue Zielgruppen) mit dem vorhandenen Produktprogramm.
Produktentwicklung *(siehe auch Kap. 2.2)*= auf bereits bearbeiteten Märkten Stärkung der Position durch Erweiterung des Produktprogramms.

Diversifikation = Erschließung neuer Märkte mit neuen Produkten *(2013 Herbst, Aufg3 | s. auch Kap. 2.2.2)*
horizontal (= um Produkte auf gleicher Wertschöpfungsstufe);
vertikal (=um in der Herstellung vor- oder nachgelagerte Produkte);
lateral (um völlig andere Produkte).

Strategien Kundenbeeinflussung

Preis-Mengen-Strategie = Konzentration auf Niedrigpreise als Kaufargument *(siehe auch Kap. 2.3)*
Präferenzstrategie = Konzentration auf Qualität. Schaffung von Präferenzen zur Gewinnung von Markenkäufern.

Strategien Markteintritt

Pionierstrategie = Erstanbieter eines neuen Produktes; Schaffen eines neuen Marktes.
Imitatorstrategie = Markteintritt erst nach Öffnen des Marktes durch den Pionier.
Späteinsteigerstrategie = Markteintritt erst in der Reifephase.

1.3.2 Techniken

Ansoff-Matrix

2013 Früh, Aufg.4 | 2014 Herbst, Aufg.7c

Produkt/ Markt	alt	neu
Alt	Markt-durchdringung	Markt-entwicklung
Neu	Produkt-entwicklung	Diversifikation

Strategien s.o. Kap. 1.3.1

Produktlebenszyklus *(s. auch „Betriebliches Management")*
Unterteilung der „Lebensgeschichte" eines Produkts in aufeinander folgende Phasen, die nach verschiedenen **Kriterien** voneinander abgegrenzt werden. Als Kriterium verwendet werden u.a. Umsatz, Rate des Umsatzwachstums, Marktanteil, Marktwachstum, Deckungsbeitrag oder Gewinn.

Phasen sind in den meisten Modellen:
- Einführung (Verlust; hohes Umsatzwachstum)
- Wachstum (Erreichen der Gewinnzone; gleichbleibendes Umsatzwachstum)
- Reife (sinkende Gewinnrate; Abschwächung des Umsatzwachstums durch Annäherung an die Sättigungsgrenze)
- Sättigung (weiter sinkende Gewinne; sinkender Umsatz)
- Degeneration (Gewinn gegen Null, evtl. Verlust; Entscheidung über Elimination)

Selten wird durch Aufnahme von Entwicklungsphase und Elimination auf ein **7-Phasen-Modell** erweitert.
Normstrategien für die verschiedenen Phasen unterscheiden sich zum Teil in Abhängigkeit von Wachstumsperspektiven und Strategien, können damit verbunden sein mit der Portfolioanalyse *(siehe unten)*

Einführung: Promotionspreise; hohe Kommunikationsdichte.
Wachstum: Expansionswerbung
Reife: flexiblere Preispolitik; Produktvariationen und Modernisierung
Sättigung: Erinnerungswerbung; Naturalrabatte
Degeneration: **Elimination** bei fehlendem Deckungsbeitrag; evtl. Fortführung aus anderen Gründen, z.B. Erwartungshaltung der Kunden, Image-Effekte – s.u. bei „poor dogs".

Portfolioanalyse *2012 Herbst, Aufg.1*
Darstellung der Produkte bzw. Produktgruppen in einem Koordinatensystem aus Relativem Marktanteil (Abszisse) und Marktwachstum (Ordinate). Festlegung der Skala in Abhängigkeit von Extremwerten. Nach Halbierung beider Reihen ergibt sich eine Vier-Felder-Matrix.

Marktwachstum > Schnitt	Question Marks	Stars
Marktwachstum < Schnitt	Dogs	Cash Cows
	Marktanteil niedrig	Marktanteil hoch

Normstrategien
Question Marks (Fragezeichen; Einführungs- oder Wachstumsphase): entweder investieren, um den Marktanteil zu erhöhen, oder zurückziehen
Stars (Sterne; Wachstumsphase): investieren, um Position zu entwickeln bzw. zu verteidigen
Cash Cows (Milchkühe; Reife- oder Sättigungsphase): nur Erhaltungsinvestitionen; Gewinn abschöpfen zur Finanzierung der anderen
Poor Dogs (arme Hunde; Sättigungs- oder Degenerationsphase): entweder eliminieren oder bei positivem Deckungsbeitrag oder wegen Synergieeffekten mit anderen Produkten oder aus Imagegründen am Leben halten.

Strategische Geschäftseinheit (SGE)
Teilbereich eines Unternehmens, der in einem Marktsegment unabhängig von anderen Teilgebieten der Unternehmung agiert. SGE sind meist mit einer bestimmten Markt-Produkt-Kombination verbunden und eigenständig für ihr Ergebnis verantwortlich. Die Markt-Produkt-Kombination ist das **strategische Geschäftsfeld (SGF).** Dabei können sowohl mehrere SGE auf einem SGF tätig sein als auch eine SGE auf mehreren SGF.

SWOT-Analyse (Analyse von Erfolgspotentialen)
2011 Früh, Aufg. 3 | 2014 Herbst, Aufg.7a
Kunstwort aus **S**trengths (Stärken), **W**eaknesses (Schwächen), **O**pportunities (Chancen), **T**hreats (Risiken).
Zusammenfassende Betrachtung interner Fähigkeiten (Stärken und Schwächen) und externer Einflussfaktoren (Chancen und Risiken) zur Beurteilung von Strategien vor allem bei Expansionsplänen. Die Darstellung ergibt eine Vier-Felder-Matrix der möglichen Kombinationen dieser Merkmale. Die jeweils zugehörigen Strategien werden auch nach den Anfangsbuchstaben der Kombination benannt, z.B. ST-Strategie für das Vorgehen bei dem Zusammentreffen von internen Stärken mit externen Risiken.

Stärken-Schwächen-Analyse

intern: Stärken = positiv ausgeprägte Erfolgsfaktor
Schwächen = negativ " "
UN-selbst verantwortlich
extern: Chancen = positiv ausgeprägte externer Faktoren
Risiken = negativ " " "

1.4 Marketingplanung

Marketing-Prozess:
- Ist-Analyse (Marktforschung; Konkurrenzanalyse)
- Prognose
- Zielformulierung
- Strategieentscheidung
- Festlegung Marketing-Mix
- Umsetzung
- Controlling.

Aufgaben der Marktforschung
Bezeichnung dieser Aufgaben meist als Funktionen:
- Innovation = Entdecken von neuen Marktchancen;
- Entscheidungsvorbereitung = Fundierung von Entscheidungen durch aktuelle und präzise Informationen;
- Erfolgskontrolle = Beschaffung der erforderlichen Daten für Soll-Ist-Analysen zur Beurteilung des Effekts des Einsatzes von Marketinginstrumenten;
- Frühwarnfunktion = rechtzeitige Entdeckung von Art und Umfang von Marktrisiken;
- Prognosefunktion = Erkennen von Trends, qualifiziertere Abschätzung künftiger Entwicklungen;
- Zielgruppenanalyse = Gewinnen von Daten über (potentielle) Kunden zum effektiven Einsatz der Marketinginstrumente.

Phasen der Marktanalyse:
1. Definition des Informationsbedarfs
2. Design, Organisation und Durchführung
3. Datengewinnung: Durchführung und Datensammlung
4. Aufbereitung und Analyse der Informationen
5. Interpretation und Verwendung der Ergebnisse

Anforderungen an Marktforschung

1. **Objektivität** (Unabhängigkeit): Unabhängigkeit der Ergebnisse des Versuchsvorgangs vom Durchführenden hinsichtlich Durchführung, Auswertung und Interpretation.
2. **Reliabilität** (formale Genauigkeit): Abwesenheit von Zufallsfehlern beim Versuchsverfahren.
3. **Validität** (konzeptionelle Richtigkeit): Gültigkeit der gefundenen Ergebnisse in dem Sinne, dass auch das Untersuchungsobjekt getroffen wurde.
4. **Repräsentativität** (Aussagekraft): Ergebnisse einer Stichprobe dürfen nur mit einer definierten maximalen Irrtumswahrscheinlichkeit vom wahren Wert der Grundgesamtheit, über die sie Aussagen liefern soll, abweichen.

Arten der Marktforschung - nach dem Bezug zur **Zeit**:

Marktanalyse = zeitpunktbezogen; Untersuchung zu einem definierten Zeitpunkt

Marktbeobachtung = Zeitraum bezogen; Untersuchung kontinuierlich über einen längeren Zeitraum

Marktprognose = zukunftsbezogen; auf der Auswertung aus Vergangenheit Daten drohende Aussage über künftige Entwicklungen.

Arten der Marktforschung - nach dem **Untersuchungsgegenstand**:

Bedarfsforschung, Verbrauchsforschung, Produktforschung, Konkurrenzforschung.

Arten der Marktforschung - nach den **Methoden**:

Primärforschung = erstmalige Gewinnung von Daten, z.B. durch Kundenbefragung, Beobachtung.

Sekundärforschung = Auswertung vorhandener Daten, z.B. interner Buchhaltungsdaten, externer Branchenstatistik, Fachzeitschriften, Statistische Ämter.

Primärforschung (field research)
Vorteile: liefert aktuelle Daten; Frage Stellung kann auf dem Untersuchungsgegenstand abgestimmt werden.
Nachteile: hohe Kosten; großer Zeitbedarf.

Sekundärforschung (desk research)
Vorteile: kostengünstig; Daten schnell verfügbar.
Nachteile: Daten eventuell veraltet; Daten möglicherweise nicht genau zur Fragestellung passend.

Primärforschung: Grundbegriffe

Grundgesamtheit = die gesamte Menge, über die Informationen gewonnen werden sollen.
Vollerhebung = alle Elemente der Grundgesamtheit werden in die Erhebung einbezogen.
Stichprobe = eine Teilmenge wird untersucht, um aus dem Ergebnis Rückschlüsse auf die Grundgesamtheit zu ziehen.

Primärforschung: Erhebungsmethoden
Vollerhebung bei kleiner Grundgesamtheit, Teilerhebung bei großer Grundgesamtheit.
Auswahlverfahren bei Teilerhebung
Homogene Grundgesamtheit: einfache Zufallsauswahl der Stichprobe („Random-Verfahren").
Heterogene Grundgesamtheit:
komplexe Zufallsauswahl (Klumpenauswahl); bewusste Auswahl (Quotenverfahren).

Methoden der Marktanalyse

Beobachtung: planmäßige Erfassung sinnlich wahrnehmbarer Objekte oder Ereignisse in einem genau beschriebenen Untersuchungsbereich unter einem bestimmten Erkenntnisziel zum Zeitpunkt ihres tatsächlichen Geschehens.

Vorteile: unabhängig von Auskunftsbereitschaft; unabhängig von Ausdrucksvermögen; Ermittlung auch unbewusster Sachverhalte.

Nachteile: Nicht auf alle Sachverhalte anwendbar; Fehlinterpretationen möglich; Situation nicht wiederholbar.

Befragung

schriftlich (Fragebogen)

Vorteile: geringere Kosten; Zeit zum Nachdenken für Befragte; keine Beeinflussung durch Interviewer; hohe Anonymität.

Nachteile: keine Hilfe bei Missverständnissen; einfache Gestaltung des Fragebogens erforderlich; keine Kontrolle, wer tatsächlich den Fragebogen ausgefüllt hat; häufig geringe Rücklaufquote; Aufwand bei der Daten-Erfassung.

mündlich (Interview; CAPI)

CAPI = Computer Aided Personal Interview.

Vorteile: Einsatz von Hilfsmitteln, Vorlagen möglich; Möglichkeit zusätzlicher Beobachtungen; größere Differenziertheit der Fragen möglich.

Nachteile: teuer; erheblicher Aufwand über Interviewer; großer Zeitraum zwischen Start und Abschluss der Befragung.

telefonisch (Interview; CATI)

CATI = Computer Aided Telefone Interview

Vorteile: hohe Ausschöpfungsquote; niedrigere Kosten; zeitlich nähere Durchführung.

Nachteile: hohe Verweigerungsquote; erschwerte Ziehung der Stichprobe wegen sinkender Bedeutung der RFestnetz-Nummern; geringere Interviewdauer möglich.

Panel

Wiederholte Befragung eines gleich bleibenden Personenkreises über ein gleich bleibendes Thema.

Vorteile: geringere Kosten für Auswahl; geeignet zur Feststellung von Verhaltensänderungen.

Nachteile: Paneleffekt (Gewöhnung der Befragten) Panelsterblichkeit. Kosten

Ist-Analyse: Konkurrenzanalyse

Abgrenzung der Anbieter als Konkurrenten nach gleicher Zielgruppe und/oder gleichem Nutzenversprechen. Untersuchung u.a. nach deren Stärken / Schwächen, Leistungsprogramm und Portfolio, Marktanteil und seine Entwicklung.

Benchmarking

(siehe auch Unternehmensführung, Kap. 1.2)

Im Marketing häufig verwendet in der Bedeutung, die eigenen Werte mit Daten von Wettbewerbern zu vergleichen.

Kriterien für Auswahl zu vergleichender Wettbewerber:

- ähnliche oder substitutive Produkte;
- gleiche Zielgruppe;
- vergleichbare Platzierung nach Porter (siehe oben).

Kriterien für Beurteilung:

Preise; Qualität; Innovationskraft; Marktanteil; Marktpräsenz; Webedruck.

Prognose

Treffen von Annahmen über künftige Entwicklung; im einfachsten Fall durch Fortschreiben der Daten aus der Vergangenheit, im komplexesten Fall mit Hilfe von Szenario-Techniken = Definition einer Bandbreite zwischen „worst case“ und „best case“, in der mit unterschiedlichen Wahrscheinlichkeiten die künftige Entwicklung erwartet werden kann.

2. Marketinginstrumentarium / Marketing-Mix

2.1 Marketinginstrumente

Klassische Einteilung der Tätigkeits- / Entscheidungs-Felder des Marketing in:
- Produktpolitik
- Kontrahierungs- (Preis-) Politik
- Distributionspolitik
- Kommunikationspolitik.

Im amerikanischen als **4 P**:
P roduct - **P** rice - **P** lace - **P** romotion
Speziell im **Dienstleistungs-Marketing** Erweiterung auf sieben Felder:
P eople (Personalpolitik)
P hysical Factors (Ausstattung)
P rocess (Prozesspolitik)

2.2 Produktpolitik

Kundengerechte Gestaltung der Produkte, Realisierung eines marktgerechten Leistungsprogramms.
Produkt = materielles oder immaterielles Ergebnis eines güterwirtschaftlichen Prozesses, das auf einem Markt zur Befriedigung eines Bedürfnisses angeboten wird; bezieht sich also auch auf Dienstleistungen und schließt im weiteren Sinne alle zusätzlichen produkt-begleitenden Leistungen (**Leistungspolitik**; z.B. Garantieleistungen) mit ein.

Analysebereiche
- Altersstruktur der Produktpalette *(s. Portfolio Kap. 1.3.2)*
- Umsatzstruktur
- Kundenstruktur

Produktentwicklung *(2011 Herbst, Aufg. 4b)*
Auf bereits bearbeiteten Märkten Stärkung der Position durch Erweiterung des Produktprogramms.
Gründe für Bedeutung der Produktentwicklung
– verkürzte Lebenszyklen der Produkte;
– Verbreiterung des konkurrierenden Produktangebots durch Globalisierung;
– Erhöhung des Kapitalrisikos.
Phasen: Ideenfindung – Ideenbewertung - Produktentwicklung – Testmodell – Umsetzung für Serienproduktion - Produktionsplanung – Einführung.

2.2.1 Produktgestaltung

Abstimmung des Produkts auf das Ziel, die Bedürfnisse der Zielgruppe durch entsprechenden Nutzen zu befriedigen.
Grundnutzen = Kernfunktion des Produkts;
Zusatznutzen = Befriedigung eines darüber hinausgehenden ästhetischen, psychischen oder sozialen Bedürfnisses.
Beispiel Armbanduhr: Grundnutzen = Information über Uhrzeit; ästhetischer Nutzen = Gefallen an der Gestaltung; psychischer Nutzen = bessere Laune, gesteigertes Selbstwertgefühl; sozialer Nutzen = Renommier-Effekt gegenüber Dritten.

Elemente der Produktgestaltung:
Qualität, Design, Verpackung, „Markierung" (=Markenbildung); Service (*s.u. 2.2.3).*
Ziel: Abgrenzung von Konkurrenz, Wiedererkennbarkeit; Schaffung eines **USP** (= Unic Selling Proposition; „alleinstellendes Verkaufsmerkmal").

Qualität: Ausgestaltung des Produktkerns
„Güte eines Produkts im Hinblick auf seine Eignung für den Verwender"
Objektive Qualitätsurteile
Siegel; DIN; Test
Subjektive Qualitätsurteile
Design: Gestaltung des Produktäußeren; „formal-ästhetische Zusatzleistung".
Gestaltungsmittel: Material; Oberfläche; Formgebung; Farbe; Zeichen.
Verpackung: „produktumgebendes Gestaltungsmittel"
Funktionen:
- Technische (Schutz; Lagerung; Transport)
- Werbliche (Image; „Wertanmutung")
- ökologische(Wiederverwendbarkeit)

* Markenpolitik

Aufschrieb

„Als Marke können alle Zeichen, insbesondere Wörter einschließlich Personennamen, Abbildungen, Buchstaben, Zahlen, Hörzeichen, dreidimensionale Gestaltungen einschließlich der Form einer Ware oder ihrer Verpackung sowie sonstige Aufmachungen einschließlich Farben und Farbzusammenstellungen geschützt werden, die geeignet sind, Waren und Dienstleistungen eines Unternehmens von denjenigen anderer Unternehmen zu unterscheiden." (§ 3 Abs.1 Markengesetz)

Markenartikel erfordern gleich bleibende Aufmachung in garantierter Qualität mit Herkunftsnachweis, Ubiquität („überall erhältlich"), Verkehrsgeltung (= große Bekanntheit und Anerkennung am Markt.

Markenname – Anforderungen:
- hoher Bekanntheitsgrad;
- Schutzfähigkeit (z,.B. sind allgemeine Begriffe nicht schutzfähig);

Dachmarke: Ein UN bietet unter dem Dach einer Marke, alle Produkte an.

- Unterscheidbarkeit (keine Verwechslungsgefahr mit Wettbewerbsprodukten);
- positive Konnotation (Assoziationen).

Markenpolitik/Markenführung:
Sicherung von Qualitätsanmutung, inkl. entsprechendem Preisniveau;
kontinuierlicher starker Werbeeinsatz zur Bildung und Wahrung von Präferenzen in der Zielgruppe;
Nutzung der positiven Ausstrahlung der Marke zur Etablierung weiterer Produkte/Marken.

Markenstrategien

Einzel-Marke: eine Marke pro Segment (Teilmarkt);
Mehr-Marke: mehrere verschiedene Marken pro Segment.
Familienmarke: mehrere verwandte Produkte unter gleichem Markenauftritt.
Dachmarke: eine Marke mit unterschiedlichen Produkten in verschiedenen Segmenten.

2.2.2 Programm- und Sortimentspolitik

Produktprogramm = Liefer-, Verkaufs-,Leistungs-Programm. Festlegung der Produktarten und Sorten; **Programmbreite** = Anzahl der Produktarten; **Programmtiefe** = Anzahl der Ausführungen (Sorten); **Produktlinie** = Produktart in mehreren Ausführungen. z.B. Schokohasen

Programmentwicklung

2011 Herbst, Aufg.4 | 2012 Früh, Aufg.8a | 2013 Früh, Aufg.5

Produktvariation: Veränderung (Verbesserung) eines eingeführten Produkts in einzelnen Details; umfangreiche Überarbeitung eines Produkts = **Relaunch; Facelift.**

Produkt-Differenzierung: Erweiterung eines eingeführten Produkt durch zusätzliche technisch und/oder optisch abgewandelte Versionen.

Produkt-Innovation: Einführung eines neuen Produkts.

Diversifikation *(2013 Herbst, Aufg3):*
Erweiterung des Produktprogramms horizontal (= um Produkte auf gleicher Wertschöpfungsstufe) oder vertikal (=um in der Herstellung vor- oder nachgelagerte Produkte) oder lateral (um völlig andere Produkte).
Beispiel: Ein Hersteller von Holz-Paletten erweitert sein Programm um Container (horizontal), geschnittene Holzbretter (vertikal vorgelagert) und Bienen-Waldhonig (lateral).

2.2.3 Servicepolitik

Zusätzliche Leistungen im Zusammenhang mit dem Kern-Produkt. Unterteilung nach Art in technische oder kaufmännische Leistungen, nach Verhältnis zum Kaufzeitpunkt in pre-, at-, after-sales.
Beispiel: Anschaffung neuer Software
Pre-Sales (vor dem Kauf) technisch: Beratung über Schnittstellen zu anderen IT-Bereichen des Unternehmens, Hardware-Ausstattung; kfm: Wirtschaftlichkeitsanalyse.
At-sales (beim Kauf) technisch: Installation, Vernetzung; kfm.: Anwenderschulung.
After-sales (nach dem Kauf) technisch: Datensicherung, Fernwartung; kfm.: best-practice-Veranstaltungen mit anderen Anwendern.
Bedeutung der Servicepolitik
Geringere Unterscheidungsmöglichkeit vom Wettbewerb durch zunehmende Gleichartigkeit der Produkte; verschärfter Wettbewerbsdruck; höhere Ansprüche der Kunden; Erklärungsbedürftigkeit technischer Produkte.
Serviceangebote:
- Garantie über gesetzliche Frist (von 2 Jahren) hinaus;
- sofortige Reparatur / Austausch bei Defekten;
- Kundendienst; 24-Stunden-Hiotline;
- online-Forum für Erfahrungsaustausch, Tipps;
- kostenlose Schulungen;

2.3 Preispolitik

Besser: **Kontrahierungspolitik** ⇒ Kontrakt (Vertrag)

2011 Früh, Aufg.5b

Alle Entscheidungen mit Einfluss auf das Entgelt für das verkaufte Produkt/die erbrachte Leistung; **Komponenten**:

- generelle Preishöhe, konkrete Verkaufspreise;
- Preisdifferenzierungen;
- Konditionen: Mengenrabatt, Frühbestellerrabatt, Skonto, Bonus, Zahlungsfristen, Finanzierungskredite).

Preisnachlass

Direkter Preisnachlass = Verringerung des bisher verlangten Verkaufspreises;

Indirekter Preisnachlass = Zugaben natural oder beim Service ohne Mehrberechnung.

Ursachen für gestiegene **Bedeutung der Preispolitik**:

– stagnierende Märkte;
- verschärfte Konkurrenz (u.a. durch Globalisierung);
– Homogenität der Angebote;
– Verbraucherverhalten.

Stellung der Preispolitik im Marketing-Mix

– schneller einsetzbar als die anderen Instrumente;
– unmittelbare und größere Wirkung;
– hohe Abhängigkeit und Wechselwirkung mit anderen Instrumenten;
– direkte Rückwirkung auf betriebswirtschaftliche Größen.

Definition Servicepolitik

Kundendienst (!!!) bzw. Serviceleistungen umfasst alle Leistungen, welche die Inanspruchnahme u. Nutzung von Produkt- o. Hauptleistungen ermöglichen bzw. erleichtern.

*

2.3.1 Preisentscheidungen

Anlässe

- Einführung eines neuen Produkts
- Eröffnung eines neuen Absatzweges
- Änderung des Preisniveaus nach relaunch
- Veränderungen der Preisstruktur durch Differenzierung
- durch den Markt bedingte Preisänderungen
  -- aktiv im Rahmen einer gezielten Strategie,
  -- re-aktiv in Folge veränderter Wettbewerbsbedingungen
- Preisänderungen in Folge von Änderungen der Kalkulationsgrundlagen (Kostenänderungen)

2.3.2 Preisgestaltung

kostenorientiert = Festsetzung des Verkaufspreises als Ergebnis einer Voll-oder Teilkosten-Kalkulation.
konkurrenzorientiert = Anpassung an Marktpreis (im Polypol), Ausrichtung am Markt-/Preis Führer (im Oligopol); aktives konkurrenzorientiertes Preisverhalten im Oligopol als Teil einer Kampfstrategie (Preisunterbietung) oder Abgrenzungsstrategie (Preisüberbietung bei Hochpreisstrategie).
nachfrageorientiert = Festlegung des Preises nach den vermuteten oder erforschten Preisvorstellungen der Zielgruppe.

Mischkalkulation (Preisausgleich): Kompensation für Gewinnverzicht bzw. Verlust bei günstigeren Produkten durch Umsatzsteigerung bei anderen, insbesondere bei zu den günstig angebotenen komplementären Gütern. – Historisches Beispiel: billige Petroleumlämpchen – teures Petroleum; modernes Beispiel: billiger Tablet-Rechner – große Angebotspalette an Medien zum download.

2.3.3 Strategien der Preispolitik

2011 Herbst,Aufg5 | 2015 Herbst, Aufg.6

Niedrigpreis-Strategie:

Preis-Mengen-Strategie = Konzentration auf Niedrigpreise als Kaufargument; *siehe Kap. 1.3.1);* bei Einsatz zur Förderung des Abverkaufs eines bestimmten Produkts: **Promotionspreise;** bei Einsatz zur schnelleren und/oder stärkeren Marktdurchdringung: **Penetrationspreise.** – Probleme: Preiskorrekturen nach oben nur schwer durchsetzbar; evtl. Preiskampf mit Wettbewerbern.

Hochpreis-(Premiumpreis-)Strategie. Z.B. beim Streben nach Qualitätsführerschaft und/oder als Pionier bei Markteintritt oder Teil einer Markenpolitik; bei hochwertigen Waren, Luxusgütern.

Skimming-(Abschöpfungs-)Strategie: Hochpreisiger Einstieg bei Markteinführung für die Pionier-Käufer bei späterer Preisanpassung (Reduktion) zur Erschließung weiter Käuferschichten bzw. Abwehr von Nachahmern.

Niedrig- und Hoch-Preisstrategie werden auch zusammenfassend als „**statische**" weil gleichbleibende, Skimming- und Promotion-Preisstrategie als **dynamische** weil auf Veränderung angelegte **Preisstrategien** bezeichnet.

2.3.4 Preisdifferenzierung

2014 Früh, Aufg.6 | 2015 Herbst, Aufg.6c

Unterschiedliche Preise für gleiches Produkt /Leistung.

Ziel: Annäherung an unterschiedliche Zahlungsbereitschaft / Zahlungsfähigkeit verschiedener Zielgruppen; Abschöpfung der „Konsumentenrente" (=Differenz zwischen individueller Zahlungsbereitschaft auf Grund der Nutzeneinschätzung und dem tatsächlichen Kaufpreis).

Voraussetzungen:
- unvollkommener Markt (mangelnde Transparenz);
- durch unterschiedliches Nachfragerverhalten abgrenzbare Teilmärkte;
- keine Möglichkeit für Nachfrager, zwischen den Teilmärkten zu wechseln;
- Nachvollziehbarkeit / Begründbarkeit der Differenzierung.

Formen der Preisdifferenzierung:
- zeitlich (nach Wochentagen bei der Bahn, nach Saison bei Reiseveranstaltern)
- räumlich (nach Standort bzw. Einzugsgebiet wegen Unterschieden in Nachfrage und Kaufkraft)
- personell (nach Zugehörigkeit zu einer bestimmten Personengruppe, häufig als Nachlass z.B. für Schüler, Rentner usw.)
- mengenmäßig (sinkender Stückpreis bei größerer Abnahme, z.B. Gruppenfahrkarte)
- anlassbezogen (in einer besonderen, zeitlich abgrenzbaren Situation wie Neueröffnung, verkaufsoffener Sonntag).

2.4 Distributionspolitik

Entscheidung über Vertriebswege in physischer Hinsicht und akquisitorisch.
Siehe auch Kap. 3.1 Vertriebsorganisation

2012 Früh, Aufg. 9 | 2012 Herbst, Aufg.2 |2013 Früh, Aufg. 5
Distributionsweg (Absatzwege, Vertriebswege): Abfolge der Organe, um das Produkt vom Hersteller zum Kunden zu bringen. Unterscheidung in **direkt** (= unternehmenseigene bzw. gar keine) und **indirekt** (= unternehmensfremde, z.B. Handel). Nach Anzahl der Mittler auf dem Distributionsweg: Ein-, Zwei- oder mehr-stufiger Distributionsweg.

„multi-channel" (Multi-Kanal-Vertrieb): gleichzeitige Nutzung mehrerer Vertriebswege bzw. gleichzeitige Nutzung von direkten und indirektem Vertrieb

Aufgabenstellung: das richtige Produkt in der richtigen Menge in der richtigen Qualität zur richtigen Zeit an den richtigen Ort zu bringen.

Kriterien für Wahl des Distributionsweges
Produkt – Distribution Partner – Konkurrenz – eigenes Unternehmen – Umfeld

2.4.1 Direkter Vertrieb

2011 Früh, Aufg. 5c
Vorteile: unmittelbarer Kundenkontakt; keine Abhängigkeit von anderen; Wegfall der Handelsspanne.
Nachteile: höhere Eigenvertriebskosten; geringere Intensität; größere Organisationsaufwand.

Formen: Direktversand; Vertreter; Marktveranstaltungen
Distributionsorgane (unternehmenseigene): Vertriebsabteilung, Verkaufsniederlassung, fest angestellter Reisender, Werksverkauf; online-shop

Key-account-Management ⇒ Kunden-Management hoch

2013 Früh, Aufg. 6a; 2014 Früh, Aufg.5c
Direkte Betreuung von Groß- („Schlüssel"-)Kunden durch eigens dafür eingesetzte und meist besonders qualifizierte Mitarbeiter.
Vorteile: individuelle Betreuung; intensive Kontakte; hohe Qualität; starke Kundenbindung.
Nachteile: Bindung des Kunden evtl. mehr an Person als an Unternehmen; Sonderbehandlungen mit Reduzierung des Kundendeckungsbeitrags; Zurücksetzung anderer Kunden als „zweitklassig".

Internetvertrieb: online-Verkauf durch Hersteller. – Vorteile: direkter Kundenkontakt; höhere Rendite. Nachteile: Verärgerung bisheriger Absatzmittler.

2.4.2 Indirekter Vertrieb

2011 Früh, Aufg.6
Vorteile: geringerer Organisationsaufwand; Sortiments-und Multiplikator-Effekt des Handels; geringere Kosten.
Nachteile: Abhängigkeit von Marktmacht des Handels; geringere Spielraum in der Preispolitik; geringere Steuerbarkeit.

Formen
Nach Art der Marktbearbeitung **intensiv** (z.B. dichtes Vertriebsnetz; Nutzung aller sinnvollen Vertriebspartner); **selektiv** (z.B. nur besonders aussichtsreiche Absatzwege; Beschränkung auf Handel, der bestimmte Voraussetzungen erfüllt);

exklusiv (nur besonders hochwertige Absatzmittler bzw. Standorte).

Distributionsorgane (unternehmensfremde)
eigenständige Vertriebsgesellschaft, Vertragshändler, Franchisepartner, Handelsvertreter.

Handelsvertreter *(2013 Früh, Aufg. 6b)*
Selbständiger Vermittler / Verkäufer, der jedoch im Namen und auf Rechnung der von ihm vertretenen Unternehmen handelt. – Vorteile gegenüber fest angestellten eigenen Vertretern („Reisenden"): rein erfolgsabhängige Provision; evtl. bessere Marktkenntnis, vorhandene Kundenkontakte, hohe Erfolgsorientierung. Nachteile: geringere Identifikation; Tätigkeit evtl. auch für andere Unternehmen; geringere Steuerbarkeit.
(Vergleich mit „Reisenden" siehe Kap.3.1)

Exkurs: Franchising

Wird im RSP lediglich als ein Beispiel unter anderen genannt; wegen der überdurchschnittlichen Bedeutung und entsprechender Häufigkeit der Fragen in den Klausuren wurde dieser Gliederungspunkt zusätzlich aufgenommen. – siehe auch Kap. 4.2

Absatzsystem aus rechtlich selbstständigen Vertragspartnern, wobei durch vertragliche Verpflichtung ein einheitliches Auftreten auf dem Markt sichergestellt wird. Das beinhaltet für den Franchisegeber eine darauf bezogene Weisungs- und Kontrollbefugnis, die sich in seinen Pflichten niederschlägt (Einräumung von Nutzungsrechten von Marken, Überlassung von Werbematerial, Stellen von Einrichtungsplänen etc).

Vorteile für Franchisegeber:
Abwälzung des Waren-Risikos
Abwälzung des Personalkostenrisikos
Chance auf rasches Expansionstempo
geringerer Eigenkapitalbedarf.
Nachteile für Franchisegeber:
Aufwand für Kontroll- und Sicherungsmaßnahmen;
höherer Aufwand für Verwaltung, ggf. Konfliktschlichtung;
Risiko mangelnder Qualifikation der Partner.

2.5 Kommunikationspolitik

Felder

„**klassisch**“: Werbung, Verkaufsförderung, Öffentlichkeitsarbeit/Public Relations, Verkaufsförderung/Sales Promotion.

„**Modern**“: Sponsoring, Event Marketing, Direkt-Marketing, Product-placement, online-Kommunikation.

Funktionen:

Information: Vermittlung von Daten über Produkteigenschaften, technische Merkmale, Preise, Verfügbarkeit etc.

Beeinflussung: Schaffen von Bedürfnissen, Prägen von Einstellungen, Herstellung von Präferenzen.

Bestätigung: Wahrung bzw. Wiederherstellung von Zufriedenheit nach dem Kauf, Förderung eines positiven Multiplikatoreffekts durch Bestandskunden.

Zielgruppen

potentielle Käufer, potentielle Nutzer, vorhandene Käufer/Nutzer, Multiplikatoren, Geschäftspartner, Anteilseigner, Mitarbeiter.

Abgrenzung der Zielgruppen:

personell, soziodemographisch - Alter; Geschlecht; Einkommensniveau; berufliche Stellung; Bildungsabschluss
psychographisch - Lebensstil; Präferenzen; Markenbindung
gebietsmäßig, geographisch – Wohnort; beruflicher Einsatzort

Kommunikationsmodelle (Werbewirkungsmodelle)

A I D A = Akronym aus den Bezeichnungen der Wirkungsfolge **A** ttention – **I** nterest – **D** esire – **A** ction; auf dt. etwa: Aufmerksamkeit-Interesse – Begehrlichkei8t – Kaufakt.

2.5.1 Werbung

Grundregeln

Wirksamkeit = Einsatz von Werbebotschaft und Werbemittel so, dass sie dem angestrebten Werbeziel dienen.
Wirtschaftlichkeit = angemessenes Verhältnis zwischen Kosten und Erfolg.
Wahrheit = sachliche Richtigkeit der Werbeaussagen.
Klarheit = Verständlichkeit der Werbeaussage.

Werbeplanung - Schritte

1. Definition und Abgrenzung der Zielgruppen
2. Festlegung der Werbeziele
3. Entscheidung über die zu bewerbenden Angebote
4. Verabschiedung des Budgets
5. Festlegung auf Werbebotschaft und Auswahl der Werbeträger (Mediengattung; intermedial)
6. Kampagnenplanung zeitlich und intramedial
7. Umsetzung
8. Controlling

Zielgruppen –Abgrenzung-

Nach soziodemographischen Merkmalen (Alter; Geschlecht; Einkommensniveau; berufliche Stellung; Bildungsabschluss); nach psychographischen Merkmalen (Lebensstil; Präferenzen; Markenbindung).

Budgetierung

Percentage-of-sales = % vom Umsatz
Percentage-of-profit = % vom Gewinn
Competitive-parity = Orientierung am Wettbewerb
Objective-and-task = Ableitung aus Zielen und Aufgaben

Werbeträger – Werbemittel

Werbeträger = Medium zur Übertragung von Werbebotschaften, mit dessen Hilfe Werbemittel an die Werbeempfänger herangeführt werden können.

Werbemittel = die gestaltete (objektivierte) Form der Werbebotschaft.

Enger Zusammenhang zwischen beiden, da jede bestimmte Form einzelne Werbeträger ausschließt (Beispiel: Werbefilm erfordert als Werbeträger Fernsehen oder Kino-Werbung).

2012 Früh, Aufg.7b

Werbeträger	Werbemittel
Zeitungen	Anzeigen , Beilagen
Zeitschriften	Anz., Beil.; Beikleber; Warenproben
Hörfunk	Audio-Spots
Fernsehen	TV-Spots; product placement; Verkaufs-Shows
Verkehrsmittel	Beschriftung; Bebilderung
Plakatwand, -säule	Plakate

Mediaplanung

Intermediale Selektion = Auswahl der (für die Botschaft und die Zielgruppe) geeigneten Mediagattungen

Intramediale Selektion = Auswahl der optimalen Werbeträger innerhalb der gewählten Mediagattung.

Media-Mix

Kombinierter Einsatz verschiedener Werbeträger bzw. Mediengattungen; durch Synergieeffekte wirksamer als Mono-Strategie.

Tausender-Preis

Zum intramedialen Vergleich des Preis-Leistungs-Verhältnisses verschiedener Werbeträger. Berechnung als Tausender – Kontakt-Preis (**TKP**) durch Multiplikation des Preises (je nach Medium pro mm oder Sekunde etc.) x 1.000 dividiert durch Auflage bzw. Reichweite.

2.5.2 Verkaufsförderung

Analyse, Planung, Durchführung, Kontrolle von Maßnahmen zur unmittelbaren Unterstützung des Abverkaufs.

Einsatzfelder:
- direkte Verkaufsförderung am **PoS** (point of sale)
- Pushen neuer Produkte bzw. von Produkten nach relaunch
- Generierung von Testkunden / Testkäufern.

Unterscheidung nach **Zielgruppen**
Staff promotion; Verkäuferpromotion = eigene Verkaufsmannschaft, eigener Außendienst. Ziel: höhere Qualität der Produktkenntnisse und/oder Verkaufstechniken; Motivationssteigerung.
Dealer promotion; trade promotion; Händlerpromotion = Absatzmittler bzw. deren Verkaufspersonal; zur Steigerung der Bestellungen durch die Absatzmittler („**sell in**"): Schulungen; Verkaufswettbewerbe und Prämien; erfolgsabhängige Rabatte; Werbekostenzuschüsse. Zur Steigerung des Abverkaufs beim Absatzmittler („**sell out**"): Lieferung von Werbe- und Dekorationsmitteln; Verteilung von Warenproben.
Consumer promotion; Verbraucherpromotion = Endverbraucher, Zielkunden; wie bei „sell out" – zusätzlich: Preisausschreiben, Kundenkarten, Werbegeschenke.

Pull-Strategie
Vorrang für consumer promotion, um darüber Druck auf Distributionspartner zum Listen der Produkte zu erreichen.
Push-Strategie
Vorrang für dealer promotion, um aktiven Einsatz der Distributionspartner bei Endverbrauchern zu erreichen.

2.5.3 Public Relations

2012 Früh Aufg. 7a | 2012 Herbst, Aufg. 3 | 2014 Früh, Aufg.7 | 2015 Herbst, Aufg.8a

Als „Öffentlichkeitsarbeit" systematische Pflege der Beziehungen zur „Öffentlichkeit".

Zielgruppen

Extern: Kunden – Lieferanten – Geschäftspartner – Behörden
Intern: Mitarbeiter, Anteilse gner.
Zielgruppe als Multiplikatoren: Meinungsbildner; Redakteure; Mitarbeiter von Medien.

Ziele

- Erhöhung des Bekanntheitsgrades;
- Gestaltung eines Unternehmensprofils in der öffentlichen Wahrnehmung;
- Verbesserung der Aufnahmebereitschaft und Wirksamkeit für klassische Werbung oder Stellenangebote;
- wohlwollende Einstellung öffentlicher Stellen;
- Förderung der Identifikation der eigenen Mitarbeiter.

2.5.4 Sponsoring

*2012 Herbst, Aufg. 3 | 2014 Herbst, Aufg.8 | 2015 Herbst, Aufg.8*b

Förderung von Organisationen/ Vereinen, Veranstaltungen, Aktionen, Personen durch finanzielle oder materielle Zuwendungen mit dem Ziel eines positiven Imagetransfers vom Gesponserten auf den Sponsor - **Gegenleistungen** können sein: Trikotwerbung; Namensnennung bis hin zur Benennung des Events nach dem Sponsor; bevorzugte Platzkontingente bei Veranstaltungen.

Unterscheidung je nach Bereich in:
Kultur-, Sport-, Umwelt-, Sozial-Sponsoring.

Vorteile:
Kundenbindung – Gewinnung von Neukunden – Imageverbesserung – Multiplikator-Wirkung über PR-Effekte.
Nachteile:
Sichere Kosten mit unsicherem Effekt – Risiko eines negativen Image-Transfers – Imageschaden bei Beendigung des Engagements (z.B. im Kultur-Sponsoring).

2.6 Marketing-Mix

2011 Früh, Aufg. 5a
Zielgerichteter aufeinander abgestimmter Einsatz aller Marketing-Instrumente; das bedeutet die Berücksichtigung aller Wechselwirkungen zwischen den verschiedenen Feldern und die Ausrichtung der Entscheidungen auf allen Einzelfeldern an dem strategischen Ziel bzw. der definierten Zielgruppe.

Aspekte des Marketing-Mix:
Welche Instrumente stehen zur Verfügung?
Welche Instrumente sollen eingesetzt werden?
Wie sollen die Instrumente gehandhabt werden?
In welchem Umfang und in welcher Reihenfolge sollen die Instrumente eingesetzt werden?
In welcher Kombination zueinander sollen die Instrumente wirksam werden?

Marketing-Mix nach generellen Zielgruppen
B2C = Business to consumer; Zielgruppe Endkunden
B2B = Business to Business; Zielgruppe Unternehmen
Unterschiede in rechtlichen Rahmenbedingungen, aber auch Anforderungen an die einzelnen Instrumente

Marketing-Mix nach Produkt /Leistung:

Konsumgüter-Marketing:
Bedeutet meist B2C; große Zielgruppe aus Einzelpersonen.
Marktsituation:
- hoher Wettbewerbsdruck;
- gesättigte Märkte;
- hohe Bedeutung von Produktvariationen, re-launch;
- zunehmende Ähnlichkeit der Produkte;
- große Bedeutung von Marken und Markenbindung.

Produktpolitik: stärker in den Vordergrund treten Zusatznutzen, ästhetische Anmutung, Markenführung, Service.
Kontrahierungspolitik: Orientierung am Markt (Kunden, Wettbewerber); Einsatz der Preispolitik zur Kundenbindung (Rabatte, Kundenkarten).
Distributionspolitik: mehrstufiger Absatz im Vordergrund; aber auch direkt über outlets, online.-shops.
Kommunikationspolitik: breites Spektrum kommunikationspolitischer Instrumente; Einsatz von Massenmedien.

Investitionsgüter-Marketing
Bedeutet B2B; Zielgruppe überschaubar, besteht aus Institutionen / Gremien.
Marktsituation:
- Zunehmender Wettbewerbsdruck durch Globalisierung;
- Spezialisierung der Märkte;
- hohe Bedeutung von Service;
- komplexe Entscheidungsstrukturen beim Einkauf;
- große wirtschaftliche Bedeutung einzelner Kunden.

Produktpolitik: „Customizing“ (= individuelle Lösungen); Verzahnung mit Service über Kaufperiode hinaus; Verzahnung der Produktpalette zu Systemen
Kontrahierungspolitik: Preis oft Ergebnis von Verhandlungen; direkter Vergleich zu Wettberbern; Liefer- und Zahlungsbedingungen wichtiger Bestandteil.

Distributionspolitik „direkter" Absatz im Vordergrund, kontinuierliche Betreuung von A-Kunden; rationelle Gestaltung von Bestellvorgängen und Lieferprozessen.
Kommunikationspolitik: Medienwerbung weniger, evtl. Fachzeitschriften; in vielen Branchen Fachmessen; eigene „Hausmessen"; besondere Bedeutung von Direkt-Marketing.

Dienstleistungs-Marketing

Erweiterung auf 7 Marketinginstrumente (s. Kap. 2.1).
Produktpolitik: geringe Standardisierung; Kundenvertrauen wichtige Basis; im B2B-Bereich Verzahnung der Leistungen mit Prozesse beim Kunden.
Kontrahierungspolitik: starke Differenzierung nach Leistungsart und –intensität; für Kunden häufig eher intransparente Preisgestaltung bei Zeitverbrauch als Berechnungsbasis => wachsende Bedeutung von Generalverträgen, „flat-rates".
Distributionspolitik: direkter Absatz im Vordergrund; oft hohe Zahl von Kontaktstellen.
Kommunikationspolitik: wegen der sehr heterogenen Struktur der Branche alle Formen vertreten; überdurchschnittliche Bedeutung von Sponsoring und Direktmarketing.

Handelsmarketing

(Thema für Handelsfachwirte)
Marktsituation:
- Hohe Konzentration durch Filialisten, Discounter.
- Zunahme unterschiedlicher Betriebsformen mit Differenzierungen nach Verkaufsflächen und Service-Konzepten;
- Zentrale Bedeutung des Standorts und der Infrastruktur;
- Herausbildung eigener „Handelsmarken".

Produktpolitik hier = **Sortimentspolitik;** Entscheidung zwischen Voll-Sortimenter und Spezialisierung auf Nischen.

3. Vertriebsmanagement

Definitionen

Absatz = alle Bereiche zur Weiterleitung der Güter an die Abnehmer; Schnittstelle zu den Abnehmern.

Vertrieb = Gesamtheit der Tätigkeiten im Rahmen der Leistungsverwertung.

Verkauf = Teilmenge von Absatz

Marketing = im weitesten Sinne Kundenorientierung des gesamten Unternehmens

Aufgaben des Vertriebsmanagements („**Distributionspolitik**“):

Grundsatzentscheidungen über
- Wahl der Absatzorgane;
- Planung der Verkaufsziele;
- Festlegung der Vertriebsformen.

Operative Steuerung von:
- konkreten Verkaufsaufgaben;
- Personaleinsatz;
- Aktionen.

3.1 Vertriebsorganisation

s.auch Handlungsbereich „Unternehmensführung“
2014 Früh, Aufg.5b | 2014 Herbst, Aufg.9c

Gliederung der Vertriebsorganisation nach:

Funktion= Inhalt der Tätigkeit; z.B. alle Tätigkeiten für Werbung in einer Werbe-Abteilung;

Produkt / Sortiment = Vertriebsobjekt; z.B. alle für den Vertrieb einer Produktgruppe erforderlichen unterschiedlichen Tätigkeiten werden in einer Gruppe zusammengefasst.

Kunden = Zielgruppen; z.B. Unterteilung des Vertriebs nach A-, B- und C-Kunden.

Gebiet = geografischen Kriterien; z.B. eigene Vertriebsabteilungen für Nord-, Süd-, West- und Ost-Europa.

Internationaler Vertrieb – Voraussetzungen

- Geeignete Vertriebsstruktur;
- Berücksichtigung unterschiedlicher gesetzlicher Regelungen (Verbraucherrechte; Vertragsrecht)
- Planung der Vertriebswege

Internet als Vertriebsweg

Chancen: Gewinnung von Neukunden; Umsatzsteigerung; höhere Rendite; Imagegewinn. - Risiken: organisatorische Probleme; Verprellen bisheriger Partner.

Handelsvertreter – Reisende

2014 Früh, Aufg.5a | 2014 Herbst, Aufg.9

Handelsvertreter sind selbständig, arbeiten auf Grund eines im HGB geregelten Vertragsverhältnisses erfolgsabhängig. „Reisende" ist die Bez. des HGB für fest angestellte Mitarbeiter im Außendienst, üblicherweise Bezahlung aus einer Kombination von Fixum + Provision.

Vorteile Handelsvertreter:

professionelle Verkäufer; bestehende Kontakte; Kenntnisse des Marktes und Umfeldes; keine Fixkosten.

Nachteile Handelsvertreter: geringere Identifikation; weniger Einflussmöglichkeiten, nicht disziplinarisch weisungsgebunden; mögliche Interessenkonflikte.

Schulungsthemen Verkaufspersonal

Verkaufsschulung - Abschlusstechnik, psychol. Grundlagen;

Produktschulung – Grundnutzen des Produkts, technische Spezifikationen;

Selbstmanagement – Minimierung des Zeitbedarfs für unproduktive (gleich nicht direkt dem Kunden zugewandte) Tätigkeiten, z.B. durch präzise Tourenplanung, effektiven Einsatz von Programmen und anderen Hilfsmitteln.

3.2 Vertriebscontrolling

Instrumente
Vertriebserfolgsrechnung
Kundendeckungsbeitragsrechnung
Vertriebskennzahlensysteme
Vertriebswegeanalysen
Mitarbeitersteuerung
Provisionssysteme
Berichtswesen

Vertriebserfolgsrechnung:
Erfolg (= Erlöse – Kosten) für Absatzsegmente:
Produkte / Produktgruppen
Kunden / Kundengruppen
Regionen / Verkaufsgebiete
Absatzwege
Transportwege
Konditionen
Aufträge

Kundendeckungsbeitragsrechnung
Typischer Aufbau:
Bruttoerlöse – Erlösschmälerungen = Nettoerlöse
Nettoerlöse – variable Kosten der dafür gelieferten Produkte = Deckungsbeitrag I
Deckungsbeitrag I – kundenverursachte Auftragskosten (z.B. Versand) = Deckungsbeitrag II
Deckungsbeitrag II – kundenbezogene Akquisitionskosten = Deckungsbeitrag III.

4. Internationale Geschäftsbeziehungen

4.1 Außenhandel: Einführung

Export = Ausfuhr von Waren und Dienstleistungen
Import = Einfuhr von Waren und Dienstleistungen

Sonderformen des Außenhandels u.a.:
Veredelungsverkehr – Import von Waren ausschließlich zur Verbesserung, Bearbeitung, Reparatur mit anschließendem Export.
Transithandel – Durchfuhr von Wirtschaftsgütern aus dem Ausland ins Ausland.
Kompensationsgeschäfte – „Naturaltausch"; Lieferung von Ware gegen Ware.

Protektionismus
Schutz der einheimischen Wirtschaft direkt durch **Importbeschränkungen** oder **Kontingentierungen** (= mengenmäßige Begrenzung von Importen) oder indirekt durch **Importzölle**, die ausländische Produkte verteuern. Auch Behinderung ausländischer Anbieter durch **technische Handelshemmnisse** (z.B. technische Zulassungsvoraussetzungen).

Freihandel
Internationaler Austausch von Gütern und Dienstleitungen ohne Behinderungen oder Beschränkungen; im weiteren Sinne auch keine Wettbewerbsverzerrung durch Subventionen.

Organisationen
Bis 1995 **GATT** („Welthandelsabkommen"); seit 1995 **WTO** (**W**orld **T**rade **O**rganization; Welthandelsorganisation) mit Sitz in Genf. Aufgaben: Abbau von Handelshemmnissen, Durchsetzung des Grundsatzes der Meistbegünstigung, Schlichtung von Handelskonflikten.

Europäischer Binnenmarkt:
Freiheiten:
- Personenverkehr
- Warenverkehr
- Dienstleistungsverkehr
- Kapitalverkehr

4.2 Außenhandel: Kooperationen

Lizenzabkommen: Gewährung des Rechtes zur
- Nutzung von Produktionsverfahren;
- Herstellung definierter Produkte;
- Verwendung geschützter Markennamen

Franchising (siehe auch Kap. 2.4.2)
Vereinbarung zwischen rechtlich selbstständiger Vertragspartnern, ein einheitliches Auftreten nach dem Konzept des Franchisegebers durch den Franchisenehmer auf einem ausländischen Markt sicherzustellen. Lieferung der dabei erforderlichen Waren über Ex- und Importgeschäfte.

Kooperationen
Zusammenarbeit von Unternehmen aus verschiedenen Ländern in bestimmten Bereichen, die je nach Produktionsstufe in horizontale, vertikale und laterale (heterogene) Kooperation unterschieden werden können.

Joint Venture
Spezielle Form der Kooperation, bei der die Partner ein Gemeinschaftsunternehmen gründen, an dem beide (meist zu gleichen Teilen) eine Kapitalbeteiligung halten.

Direktinvestitionen
Kapitalanlage im Ausland für
- Gründung von Tochtergesellschaften;
- Beteiligung / Kauf an / von ausländischen Unternehmen.

4.3 Interkulturelle Kommunikation

Dimensionen" zur Kategorisierung verschiedener Kulturen nach Hofstede:
- Machtdistanz
- Individualitätsgrad
- Maskulinität
- Risikobereitschaft

5. Spezielle Rechtsaspekte

5.1 Wettbewerbsrecht

Grundsatz: Wettbewerbsfreiheit.
Rechtliche Grundlagen für die Gestaltung eines Ordnungsrahmens:
- UWG = Gesetz gegen den unlauteren Wettbewerb
- GWB = Gesetz gegen Wettbewerbsbeschränkungen

UWG

2014 Früh, Aufg.8
Unlauterer Wettbewerb = Handlungen „die geeignet sind, den Wettbewerb... nicht nur unerheblich zu beeinträchtigen"; z.B. Schleichwerbung, fehlende Informationen bei Gewinnspielen, Markenpiraterie, Verunglimpfung eines Wettbewerbers.
Irreführende Werbung = Falsche oder in wesentlichen Punkten unvollständige Angaben incl. Lockvogelangebote, Mondpreise
Vergleichende Werbung ist nur dann unzulässig, wenn sie zu Verwechslungen führt und/oder den Wettbewerber verunglimpft.
Unzumutbare Belästigung ist die Werbung bei Privatpersonen per Telefon oder mail ohne deren Einverständnis.

Ansprüche: je nach den Umständen des Einzelfalls möglich sind Ansprüche auf:
- Unterlassung;
- Schadenersatz;
- Gewinnabschöpfung.

GWB – Tatbestände *(2015 Herbst, Aufg.7)*

Kartelle

Absprachen zur Ausschaltung des Wettbewerbs sind generell verboten; unter definierten Voraussetzungen (z.B. Strukturkrisen) genehmigungsfähig bzw. (sog. Mittelstandskartell) erlaubt.

Fusionen

Verschmelzungen von Unternehmen – unterliegend der Prüfung; Genehmigung evtl. mit Auflagen oder werden untersagt, wenn diese zu marktbeherrschenden Stellungen führen

Missbrauch der Marktstellung

Bei Marktbeherrschung (was ab einem Marktanteil von mindestens einem Drittel vermutet wird), z.B. durch überhöhte Preise; Einrichtung von Missbrauchsaufsicht. Kontrollgremien, denen geplante Preise zur Genehmigung vorgelegt werden müssen.

Vertikale **Preisbindung** ist unzulässig.

Zulässig unter bestimmten Voraussetzungen: Meistbegünstigungsklauseln; unverbindliche Preisempfehlungen; Gebietsschutz.

5.2 Markenrecht

Marke - §3 Markenschutzgesetz:
„Als Marke können alle Zeichen, insbesondere Wörter einschließlich Personennamen, Abbildungen, Buchstaben, Zahlen, Hörzeichen, dreidimensionale Gestaltungen einschließlich der Form einer Ware oder ihrer Verpackung sowie sonstige Aufmachungen einschließlich Farben und Farbzusammenstellungen geschützt werden, die geeignet sind, Waren oder Dienstleistungen eines Unternehmens von denjenigen anderer Unternehmen zu unterscheiden"
Schutz nur einer Benennung : **Wort-Marke**;
Schutz eines „Logos" = einer Bezeichnung mit zugehöriger graphischer Darstellung: **Wort-Bild-Marke**

Markenschutz entsteht
1. durch die Eintragung eines Zeichens als Marke in das vom Patentamt geführte Register; Registrierung beim DPMA in München für Deutschland, Verfahrensdauer bis 12 Monate; Registrierung als Gemeinschaftsmarke für alle EU-Mitgliedsstaaten beim Harmonisierungsamt für den Binnenmarkt in Alicante, Verfahrensdauer über 12 Monate.
2. durch die Benutzung eines Zeichens im geschäftlichen Verkehr, soweit das Zeichen innerhalb beteiligter Verkehrskreise als Marke Verkehrsgeltung erworben hat, oder
3. durch die „notorische Bekanntheit" einer Marke (Art. 6 der Pariser Verbandsübereinkunft).

Schutzhindernisse
Absolute Schutzhindernisse:
- fehlende Unterscheidungskraft;
- allgemein übliche Bezeichnung;
- Verstoß gegen die guten Sitten.

Relative Schutzhindernisse:
- bestehende ältere Markenrechte

Ansprüche: bei Verletzung eines vorhandenen alleinigen Rechts an einer Marke können entstehen auf Unterlassung; Schadenersatz; Vernichtung widerrechtlich gekennzeichneter Waren.

Weitere Möglichkeiten für Rechtsschutz

Gebrauchsmuster – „kleines Patent" zum Schutz von neuen Erfindungen, die auf einem erfinderischen Schritt beruhen und gewerblich anwendbar sind; durch geringeren Prüfumfang schnell erreichbar; Grundlage: Gebrauchsmustergesetz.

Geschmacksmuster – Designschutz für Form- und Farbgestaltungen; Grundlage: Geschmacksmustergesetz.

Patent - Schutz neuer technischer Erfindungen. Es verleiht seinem Inhaber nach erfolgreichem Abschluss des vorgeschriebenen Prüfungsverfahrens das auf 20 Jahre befristete Privileg, allein über die Erfindung zu verfügen. Der Patentinhaber erhält damit ein Exklusivrecht für die Verwertung seiner Erfindung.

5.3 Verbraucherschutz

Allg. Grundlage: **Kaufvertrag** BGB §§ 433 ff

Verbrauchsgüterkauf (§§ 474 – 479) =
Kauf einer beweglichen Sache durch einen Verbraucher von einem Unternehmer.

Regeln über **Mängelhaftung** können nicht (z.B. durch AGB) ausgeschlossen werden; eine Garantieerklärung zwingend vorgeschrieben

Gewährleistung: 24 Monate (bei Gebrauchtkauf: 12); Beweislastumkehr für 6 Monate nach Kauf.

Gefahrübergang erst mit Zustellung.

Teil D – Wissens- und Transfermanagement

Nach den Empfehlungen des DIHK soll der Handlungsbereich Wissens- und Transfermanagement mit 35 Punkten in der 1. Situationsaufgabe berücksichtigt werden; in der Prüfungswirklichkeit schwankte die hier vergebene Punktzahl bisher zwischen 35 und 44.

1. Betriebliche Organisation

1.1 Betriebliches Zielsystem

(auch in „Unternehmensführung“, 1.1)
2013 Herbst, Aufg.6a

Ziel = angestrebter Zustand; Formulierung lässt **Strategie** (=Weg zum Ziel) offen.

Zielarten
2012 Früh; Aufg.6a
quantitativ = unmittelbar in Zahlen auszudrücken; **qualitativ** („psychographisch“) = auf Merkmale bezogen, nur auf Umweg in Zahlen auszudrücken. Beispiel für quantitativ die „monetären Ziele“, z.B.: Gewinnmaximierung; Kostenminimierung; Umsatzmaximierung; Liquidität.

Ökonomische Ziele (gemäß dem „ökonomischen Prinzip“):
- Kostenminimierung;
- Ertragssteigerung.

Formalziel = auf quantitatives Kriterium des Unternehmenserfolgs gerichtetes Ziel

Sachziel = auf ein Ergebnis der betrieblichen Leistungserstellung gerichtetes Ziel

Sozialziel = auf das Verhältnis zu internen oder externen Gruppen gerichtetes Ziel.

Zielformulierung

2012 Früh, Aufg.6b | 2015 Herbst, Aufg.1a
- lösungsneutral;
- messbar;
- anspruchsvoll, aber realistisch;
- verbindlich und akzeptiert.

Auch als **SMART**-Formel:

Spezifisch (präzise; klar abgegrenzt)

Messbar (quantitative Kriterien auch bei qualitativen Zielen für Soll-Ist-Vergleich, Kontrolle der Zielerreichung)

Attraktiv (auch: akzeptiert; anspruchsvoll)

Realistisch (erreichbar aber „sportlich“)

Terminiert (Festlegung eines Zeitrahmens bzw. Zeitpunkts)

Zielbeziehungen - *auch in Teil A Unternehmensführung – 2012 Früh; Aufg.6 c*

Zwischen verschiedenen Zielen besteht ein Verhältnis der

Zielkonkurrenz = Ziele widersprechen sich; Maßnahmen zur Erreichung des einen Ziels erschweren das Erreichen des anderen;

Zielneutralität = zwischen den Zielen bestehen keine Abhängigkeiten oder Wechselwirkungen;

Zielharmonie (auch: Zielkomplementarität) = Ziele ergänzen sich.

Es können Konflikte entstehen zwischen den verschiedenen Aspekten des gleichen Ziels:

- **Sachziel** (was soll erreicht werden)
- **Terminziel** (wann soll es erreicht werden)
- **Kostenziel** (mit welchen Ressourcen soll es erreicht werden)

Unternehmensleitbild *2015 Herbst, Aufg.1a*
Grundlage für Ableitung des Zielsystems; Inhalte:

- Vision; allgemeines Ziel;
- Selbsteinstufung in den Rahmenbedingungen;
- grundlegende Werte des Unternehmens;
- Einstellung zu Kunden und Lieferanten;
- generelle Strategie;
- Identität, Bedeutung der Mitarbeiter;
- Grundaussage zum Kommunikationsstil;
- Umgang mit Anforderungen und Problemen;
- Potential des Unternehmens.

Funktionen des Leitbilds *(2015 Herbst, Aufg.1c)*
Orientierung (Wertvorstellungen)
Integration (Basis für Gemeinsamkeits-Gefühl)
Motivationsfunktion
Entscheidung (Handlungsnormen)
Koordinierung (Übereinstimmung der Instanzen.)
Leitsätze *(2015 Herbst, Aufg.1b)*
Aus dem Leitbild abgeleitete Kernaussagen, vor allem zur Verdeutlichung des Leitbildes in der Kommunikation

Ziele bei Wissensmanagement

- Alle Mitarbeiter mit den für ihre Tätigkeiten und Entscheidungen erforderlichen Fertigkeiten, Kenntnissen und Informationen versorgen.
- Das von Mitarbeitern angesammelte Wissen erschließen, nutzen und sichern.

- Die Übertragung, Auffindbarkeit, Anwendbarkeit und Aktualisierung des Wissens organisieren.

Corporate Knowledge
zusammenfassende Bezeichnung für die Gesamtheit des Wissens, der Kenntnisse und Erfahrungen aus dem Zusammenwirken aller Mitarbeiter innerhalb eines Unternehmens; Teil der Corporate Identity.

1.2 Wissensmanagement

Siehe unten, Kap.2.2

Häufig definiert als Einordnung von Informationen oder allgemein Wissen als eigenem Produktionsfaktor. Steigende Abhängigkeit von Wert und Marktstellung der Unternehmen von dieser Informations- und Wissensbasis im Vergleich zu sinkender Bedeutung des Produktionsfaktors Kapital.

Möglicher **Nutzen** von Wissensmanagement:
– Optimierung von Prozessen, insbes. durch Best-Practice-Beispiele;
- Entwickeln neuer Lösungen und Produkte durch Verknüpfung sonst isolierter Informationen;
- frühzeitige Entdeckung unternehmensrelevanter Änderungen im technischen oder sozialen Umfeld des Unternehmens;
- Ausschöpfung von Fähigkeiten und Kreativität der Mitarbeiter;
- Verringerung des Verlustes an Erfahrung (implizitem Wissen) durch Ausscheiden von Mitarbeitern;
- Höhere Effizienz der Suche nach erforderlichen Informationen.

1.3 Betriebliche Organisation

(auch in „Unternehmensführung", 1.1)

Organisation bezeichnet im betrieblichen Zusammenhang ein System von möglichst dauerhaften, zugleich aber flexiblen Regelungen, die auf möglichst wirtschaftliche Weise eine effektive Durchführung der Aufgaben sichern sollen.

Aufbauorganisation
Regelung der Strukturen eines Unternehmens durch Bildung von Organisationseinheiten, Zuordnung von Aufgaben und Stellen, Unter- und Über-Stellungen.
Ablauforganisation
Regelung der Arbeitsprozesse im Rahmen der Aufbauorganisation, insbesondere der zeitlichen Koordination des Einsatzes der erforderlichen betrieblichen Produktionsfaktoren.

Stellen: Kompetenzen
1. Ausführungskompetenz
2. Verfügungskompetenz
3. Antragskompetenz
4. Entscheidungskompetenz
5. Anordnungs- (=Weisungs-) kompetenz
6. Mitsprachekompetenz
7. Stellvertretungskompetenz

Instanzen (= **Leitungsstellen**) sind übergeordnete Stellen mit Entscheidungs- und Weisungskompetenz.
Kontrollspanne (Leitungskapazität) = Anzahl der nachgeordneten Stellen, die von einer Instanz angeleitet und geführt werden kann.

Zentralisierung
Zusammenfassung von Aufgaben nach Tätigkeit oder Objekt oder erforderlicher Entscheidungsgewalt.
Vorteile:
Höhere Spezialisierung; Rationalisierungspotential; besserer Überblick der Geschäftsführung; einheitliche Entscheidungen; klarer Entscheidungsprozess.
Nachteile:
Geringere Flexibilität; größerer Zeitbedarf; höherer Kommunikationsaufwand; geringere Detailkenntnisse; Demotivation dezentraler Entscheidungsträger.

Stellenplan / Stellenbesetzungsplan
2011 Herbst; Aufg.8 a
Stellenplan = Überblick über alle Soll-Stellen im Unternehmen; Stellenbesetzungsplan = Übersicht der tatsächlichen Zuordnung von Personen zu Stellen.
Gemeinsam Basis für die Ermittlung des Netto-Personalbedarfs

Stellenbeschreibung
2011 Herbst, Aufg.8 a
Gliederung und Inhalt der Stellenbeschreibung sind nicht genormt. Enthalten sollte sie:
- Stellenbezeichnung
- Ziel als allg. Handlungsanweisung
- Grundlegende Aufgabenstellungen
- Über-/Unter-Stellung
- Entscheidungsbefugnisse
- Gegenseitige Stellvertretungen
- Kooperationspflichten
- Anforderungen an Stelleninhaber (fachliche, z.B. bestimmte Abschlüsse und/oder persönliche, z.B. Verschwiegenheit)

(Beigefügt oder integriert werden können Organigramm des Unternehmens, Merkmale der für diese Stelle gültigen Tarifgruppe.)

Zweck bzw. Vorteil von Stellenbeschreibungen kann sein: Grundlage für Eingruppierungen; Vermeidung sowohl von Kompetenzüberschreitung als auch von Drückebergerei; Transparenz der Zuständigkeiten; Grundlage für Personalbeurteilung; Basis für Personalentwicklung.

Organisationsformen

Gliederungsprinzipien

- nach Tätigkeitsbereichen = **funktionale** Gliederung
- nach Gleichartigkeit der „Objekte" (Kundengruppen; Produktgruppen; Regionen) = **objektbezogene** Gliederung.

Die Benennung erfolgt normalerweise nach dem Prinzip, das auf der 2. Hierarchie-Ebene, also der 1. unterhalb der Geschäftsführung angewendet wird.
Bei Gliederung nach Objekten mit ein oder zwei verbleibenden zentralen Funktionsbereichen: Spartenorganisation.
Bei gleichzeitiger Anwendung beider Prinzipien: Matrixorganisation (s.u.)

Liniensysteme

Einliniensystem

Für jede Stelle gibt es nur einen disziplinarischen und fachlichen Vorgesetzten („ Einheitlichkeit der Unterstellung").
Vorteile: Klare Weisungsbefugnisse und Zuständigkeiten; Transparenz für Mitarbeiter
Nachteile: Bei vielen Stufen Schwerfälligkeit; Informationsverlust durch lange Kommunikationswege;
Problem der „Kontrollspanne" für obere Stufen.

Stabliniensystem

Integration von Stellen mit bes. Fachkompetenz

Zuordnung dieser Stellen als „Stab“ zu Führungsstellen mit beratender und unterstützender Aufgabe.

Vorteile: Entlastung oberer Instanzen; bessere Fundierung von Entscheidungen

Nachteile: unklare Kompetenzverteilung zwischen Stab und Linie; inoffizielle Macht der Experten; Interessenkollisionen zwischen Linie und Stab; zusätzliche Kosten.

Hinweis: Die Vor- und Nachteile des Ein-Linien-Systems bleiben erhalten, gelten also ebenfalls!

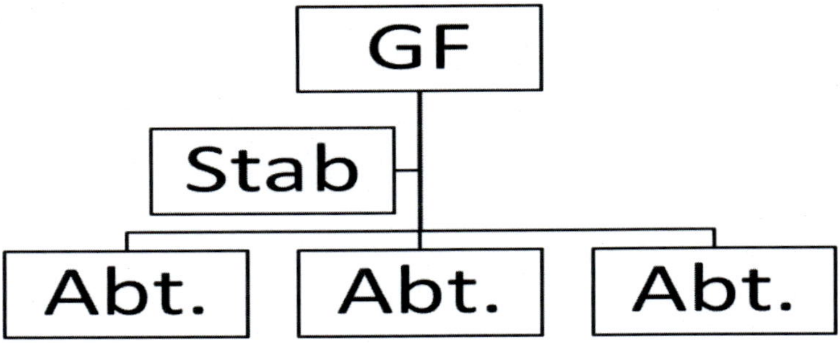

Mehrliniensystem

Anweisungen durch jeweils sachlich zuständige Stelle.

Vorteile: Wegfall bzw. Kürzung des Instanzenweges; kompetentere Entscheidungen; schnellerer Informationsfluss.

Nachteile: Gefahr von Kompetenzüberschneidungen; Interessenkonflikte zwischen beteiligten Führungskräften; Überforderung der mehrfach unterstellten Mitarbeiter; Loyalitätskonflikte.

Spartenorganisation

2011 Früh; Aufg. 3 | 2011 Herbst; Aufg. 4

Gliederung des Unternehmens nach Objekten (Produktgruppen; Kundengruppen; Märkten) in wirtschaftlich weitgehend selbständige Geschäftsbereiche (Sparten; divisions), wobei meist einige funktionale Zentralbereiche (EDV; Einkauf) erhalten bleiben oder auch als mit ihren Dienstleistungen selbständig agierende Einheiten geführt werden, die ihre Leistungen an die anderen Sparten verrechnen.

Matrixorganisation
Gleichzeitige Strukturierung des Unternehmens nach funktionaler Gliederung und nach Objekten (s.o.) Meist disziplinarische Zuordnung in der funktionalen Linie; fachliche Zuordnung (auch) nach Objekt.
Vorteile: Flexibilität; kompetentere Entscheidungen; größere Markt- / Kundennähe.
Nachteile: Gefahr von Kompetenzüberschneidungen; Interessenkonflikte zwischen beteiligten Führungskräften; Überforderung der mehrfach unterstellten Mitarbeiter; Loyalitätskonflikte.

Cost-Center: Geschäftsbereich oder Unternehmenseinheit mit eigener Kostenverantwortung.
Profit-Center: Geschäftsbereich oder organisatorische Unternehmenseinheit mit eigener Ergebnisverantwortung; bedeutet hohes Maß an Selbständigkeit bzw. setzt dies voraus.

Ablauforganisation

Regelung der Prozesse innerhalb der **Aufbauorganisation** durch Festlegungen für das Zusammenwirken von:
- verschiedenen Menschen mit
- erforderlichen Sachmitteln
- im zeitlichen Ablauf
- ergebnisorientiert und nach dem
- „ökonomischen Prinzip“

Einfache Ablauffolge: Ende – Anfang – Beziehungen zwischen den Tätigkeiten; jede Tätigkeit setzt auf die vorangegangene auf und schließt sich zeitlich und sachlogisch an sie an.

Komplexe Ablauffolge: zeitliche Überlappung oder Gleichzeitigkeit von mindestens zwei Vorgängen, die auch unterschiedliche Dauer haben können.

Graphische Darstellungen

2011 Herbst; Aufg.8 b

Balkendiagramm

Visualisierung der Zeitdauer einfacher Vorgänge durch die Länge der Balken, z.B. Urlaubszeiten der Mitarbeiter einer Abteilung.

Flussdiagramm

2014 Früh, Aufg.5a+b

Darstellung der logischen Folge eines Ablaufs („work-flow"), incl. Verzweigungen in Abhängigkeit von Antwort auf Ja/Nein-Fragen, z.B. Gesprächsführung bei einem Interview.

Netzplantechnik

Visualisierung eines kompletten Projektablaufs durch Darstellung aller Tätigkeiten in graphischem Symbol (Kreis oder Rechteck) und ihre Verbindung. Für jede Tätigkeit muss mindestens angegeben sein:

- laufende Nummer der Tätigkeit, normalerweise vergeben nach zeitlicher Folge der Starttermine, zur eindeutigen Identifikation, eventuell auch zum Auffinden in einer Legende der Erklärungen;
- frühester Starttermin, der sich aus Vorgängertätigkeiten oder auch der Verfügbarkeit von Ressourcen ergibt;
- spätester Starttermin, der sich aus Zeitbedarf für die Tätigkeit und dem Starttermin für nachfolgende Tätigkeiten ergibt;
- Zeitdauer der Tätigkeit.

Bei gleichzeitigen Tätigkeiten ergibt sich für die von kürzerer Dauer ein Zeitpuffer. Die Abfolge der Tätigkeiten ohne Zeitpuffer ergibt den **kritischen Pfad:** jede Verschiebung verursacht auch eine Verschiebung des Endtermins.

Gegenstromplanung = Verbindung von deduktiver („top down") und induktiver Planung („bottom up"). „**top down**" = Zielvorgabe von oben zur schrittweisen Konkretisierung durch nachgeordnete Instanzen; „**bottom up**" = Sammlung von Vorschlägen, Maßnahmen u.ä.m. zur schrittweisen Zusammenfassung und Verallgemeinerung durch übergeordnete Instanzen.

Probleme

top down: fehlende Detailkenntnisse; Zeitdruck
bottom up: fehlender Gesamtüberblick
Gegenstromverfahren: zeitaufwendig

Kommunikationswege

Formelle = durch Vorschrift entstanden und geregelt; bei Festlegung einer „zentralen Stelle" für Empfang und Weitergabe von Informationen sternförmige Struktur;

informelle = durch tatsächliches Verhalten der Beteiligten entstanden; prinzipiell Kommunikationsverbindungen von jedem Gruppenmitglied zu jedem anderen = netzförmige Struktur.

1.4 Organisationsentwicklung

Anpassung / Optimierung der Strukturen und Prozesse entsprechend den Anforderungen des Marktes und zur Erreichung der Unternehmensziele. Untrennbar verbunden mit gleichgerichteter Personalentwicklung.

Gründe für Veränderungen:
- veränderte Umwelt-/Markt-Bedingungen
- wirtschaftliche Notwendigkeit
- strategische Neuausrichtung
- Management-/Eigentümer-Wechsel
- organisatorische/rechtliche Veränderungen
- Fusionen mit anderen Unternehmen.

Phasen der Organisationsentwicklung (nach Lewin)

1. **Unfreezing** („ Auftauen"):
Durch ständige Wiederholung selbstverständlich gewordene Abläufe werden zuerst bewusst gemacht, dann in Frage gestellt. Aus Analyse dieser Ist-Situation werden neue Soll-Zustände erarbeitet und durch argumentative Information die Bereitschaft zur Veränderung geweckt.
2. **Moving** („Bewegen")
Herausbildung neuer Verhaltensweisen und Abläufe. Zunächst Absinken der Produktivität durch Unsicherheit und mangelnde Routine. Einsicht und Akzeptanz wachsen mit.
3. **Refreezing** („Einfrieren")
Die Neuerungen werden selbstverständlich. Mit der Neugewinnung von Routine erreicht die Effizienz ein höheres Niveau als zu Beginn der Organisationsentwicklung.

Change-Management

Zusammenfassende Bezeichnung für die Organisation bewusst gewollter und gestalteter nachhaltiger Veränderungen von Strukturen und Prozessen in Organisationen einschließlich der damit verbundenen Verhaltensweisen und Wertvorstellungen.

Lernende Organisation

Idealtypus eines Unternehmens, das zuverlässig und kontinuierlich aus allen Erfahrungen sämtlicher Mitarbeiter einschließlich der darüber zu gewinnenden Erfahrungen von Kunden, Lieferanten und Märkten in der Weise nachhaltig dazu lernt, dass umgehend Konsequenzen für die eigene Arbeit gezogen und verallgemeinert werden.

Voraussetzungen:

- Veränderung-/Verbesserungsbereitschaft aller Mitarbeiter;
- Kritikfähigkeit und Objektivität auf allen Hierarchie-Ebenen;
- hohe Lernbereitschaft;
- offene sachliche Kommunikation;
- systematische Erfassung und Weitergabe von Wissen;
- stete Motivation zur Optimierung von Prozessen.

1.5 Personalentwicklung

Ziele - Unternehmensperspektive
2013 Früh, Aufg. 5a
- Analyse der Potentiale der Mitarbeiter;
- parallel zur Organisationsentwicklung bei den Mitarbeitern die Fähigkeiten fördern, die aus der Entwicklung erwachsenden Anforderungen zu erfüllen;
- stärkere Identifikation der Mitarbeiter mit dem Unternehmen und dadurch geringere Fluktuation;
- Verbesserung des Betriebsergebnisses durch Kostensenkung und/oder Umsatzsteigerung dank effektiverer Arbeit;
- Erfüllen der Anforderungen von Kunden;
- Erfüllen geänderter rechtlicher Vorschriften.

Ziele - Mitarbeiterperspektive:
- persönliche Weiterentwicklung;
- verbesserte Aufstiegsmöglichkeiten;
- Sicherung des Arbeitsplatzes.

Beteiligte an Personalentwicklung
Unternehmensleitung, Geschäftsführung; Personalabteilung; Mitarbeiter; Betriebsrat; Vorgesetzte; externe Berater, Trainer.

Unterscheidung nach Verhältnis zur Berufsausübung:
Vorbereitend: Ausbildung; Praktika; Trainee-Programm
Begleitend: Qualifikationsmaßnahmen zur
- Anpassung an (gestiegene oder veränderte) berufliche Anforderungen;
- Erhaltung beruflicher Fertigkeiten;
- Erweiterung der Fähigkeiten und Kenntnisse;
- Befähigung für einen beruflichen Aufstieg.

Verändernd: Vorbereitung auf eine andere berufliche Tätigkeit, Umschulung.

Personalentwicklung: Instrumente

Mitarbeiterbeurteilung

Thema in „Führung und Zusammenarbeit" Kap. 2.2

2013 Früh, Aufg. 5b

Beurteilungsrichtung:

- Vorgesetztenbeurteilung: Mitarbeiter beurteilen Vorgesetzte
- Mitarbeiterbeurteilung: Vorgesetzte beurteilen Mitarbeiter
- Kollegenbeurteilung: gegenseitige Beurteilung auf gleicher Hierarchie-Ebene
- Selbstbeurteilung: Mitarbeiter beurteilen sich selbst

Grundsätze für die Durchführung einer Beurteilung:

- maximale Objektivität;
- vorbereiteter strukturierter einheitlicher Ablauf durch Verwendung von Beurteilungsformularen (siehe unten);
- einheitliche klare Kriterien der Beurteilung;
- Abgrenzung der zu beurteilenden Bereiche.

Bewertungssysteme / -kriterien:

- **freie Bewertung**: unstrukturiert erzählend oder teilstrukturiert durch Vorgabe von Fragestellungen. Verwendung von Beurteilungsformularen (siehe unten);

Gebundene Bewertungen:

- **Rangordnungsverfahren**: vergleichende Beurteilung einer begrenzten Zahl von Mitarbeitern nach gleichen Merkmalen zur Erstellung einer Rangliste; Auswertung insgesamt nach Platzierungssummen oder nach einzelnen Merkmalen möglich;
- **Einstufungsverfahren**: Beurteilung verschiedener Merkmale oder Eigenschaften auf einer mehrstufigen Skala.

Beurteilungsformulare (Beurteilungsbögen)

Geschlossene (gebundene) Form: Fragen und Antwortmöglichkeiten vorgegeben; Vorteil: Vergleichbarkeit; Transparenz; Zeitersparnis.

Freie Form: weitgehende Freiheit in Reihenfolge und Methode der Angaben. Vorteil: Differenzierungen; Flexibilität.
Mischform: Kombination der Vorteile; Möglichkeit für Kommentare zu Bewertungen.

Potenzialanalyse
Thema in „Führung und Zusammenarbeit" Kap. 4.2
2013 Früh, Aufg. 5b
Systematische Beurteilung der Mitarbeiter; **Bewertungsfelder** in Abstimmung mit in gleicher Weise standardisierten Anforderungsprofilen der verschiedenen Stellen und Arbeitsbereiche:
-Fachwissen;
-Flexibilität;
-Belastbarkeit;
-Teamfähigkeit;
-kommunikative Kompetenzen;
-Gewissenhaftigkeit, Genauigkeit.

Assessment *(Unternehmensführung Kap. 3.2)*
gleichzeitige Beobachtung einer Gruppe von Mitarbeitern (bzw. auch externen Bewerbern) durch mehrere Personen zur Beurteilung des Potenzials und der Kompetenzen in praxisbezogenen Situationen. Das Assessment kann über einen oder auch mehrere Tage gehen und sowohl berufsbezogene Aufgabenstellungen als auch verhaltensorientierte Übungen oder psychologische Testverfahren beinhalten.
Durchführung:
1. Klärung der Ziele;
2. Analyse der zu beobachtenden Eigenschaften;
3. Auswahl der einzusetzenden Mittel und Übungen;
4. Auswahl und Schulung der Beobachter;
5. Organisation und Durchführung;
6. Evaluation und Controlling des Assessment Center selbst.

Übungen (Beispiele):
Rollenspiele; Gruppendiskussionen; Präsentationsaufgaben; Übungsaufträge; Selbst-und Fremd-Beurteilungen; Teamaufgaben.

Fortbildung: Arten

2013 Früh, Aufg. 5c

Aufstiegsfortbildung; Qualifizierung für einen größeren Aufgabenbereich.

Anpassungsfortbildung; Aktualisierung vorhandener Qualifikationen entsprechend veränderter Anforderungen, z.B. durch technische Entwicklungen.

Erweiterungsfortbildung; Erwerb zusätzlicher Kenntnisse im ausgeübten Tätigkeitsfeld.

Erhaltungsfortbildung; Auffrischung vorhandener Kenntnisse und Fertigkeiten zur Sicherung des Wissensniveaus.

Training Maßnahmen

On the job = am Arbeitsplatz

Off the job = außerhalb des Arbeitsplatzes; extern

Near the job = im Unternehmen, aber nicht am Arbeitsplatz

Along the job = berufsbegleitend

Into the job = Einarbeitung

Förderung innerbetrieblich

Job-Rotation (= Wechsel der Arbeitsplätze)

Vorteile: Neue Perspektiven; besseres Verständnis für Zusammenhänge

Nachteile: Einarbeitungszeit; Unruhe durch Veränderung

Job-Enlargement (= Erhöhung der Aufgabenmenge auf gleichem Niveau)

Vorteil: Motivation durch Herausforderung

Nachteil: Wahrnehmung als Mehrarbeit

Job-Enrichment: (= „Anreicherung" der Aufgaben; Erhöhung des Anspruchsniveaus)
Vorteil: größere Entfaltungsmöglichkeiten; interessantere Herausforderung
Nachteil: Überforderung.

Förderung außerbetrieblich
z.B. externe Seminare, Schulungen, Kurse
Externe Bildungsmaßnahmen – Auswahlkriterien

- Referenzliste
- Qualifikation der Dozenten
- Nachweis der eingesetzten didaktischen Methoden
- Technische Ausstattung
- Professionelles Qualitätsmanagement
- Preis-Leistungs-Verhältnis
- Räumliche Nähe
- Nebenkosten für Anfahrt, Übernachtung, Verpflegung
- Niveau, Tauglichkeit der Unterlagen
- Einstufungstests vor den Maßnahmen
- Unterstützung bei Umsetzung nach der Maßnahme
- Testat, Prüfung, Zeugnis am Ende der Maßnahme

Lernkontrollen *(2013 Herbst, Aufg.6b)*
Kontextkontrolle: Überprüfung der vorgesehenen Mittel und Maßnahmen während der Planungsphase.
Lernfortschrittskontrolle: Überprüfung des Lernfortschritts während der Förderungsmaßnahme.
Lernerfolgskontrolle: Überprüfung des erreichten Lerneffekts im Abgleich mit dem angestrebten Lerneffekt.

Stellenbeschreibungen – Aufbau
Bezeichnung der Stelle
Ziele und Hauptaufgaben
Organisatorische Eingliederung

Befugnisse und Vollmachen
Anforderungen und Kompetenzen

Kompetenzen für Stelleninhaber:
Siehe Unternehmensführung
1. Ausführungskompetenz
2. Verfügungskompetenz
3. Antragskompetenz
4. Entscheidungskompetenz
5. Anordnungs- (=Weisungs-) kompetenz
6. Mitsprachekompetenz
7. Stellvertretungskompetenz

Kompetenzen von Mitarbeitern, insbes. Führungskräften
- Fachkompetenz: Kenntnisse im Tätigkeitsbereich;
- Methodenkompetenz: Beherrschen von Entscheidungs- und Führungsmethoden, organisatorischen Techniken;
- Sozialkompetenz: kommunikative Fähigkeiten, Teamfähigkeit;
- persönliche Kompetenzen: Belastbarkeit, Leistungsfähigkeit.

Trainee Programm
Einarbeitungsprogramm für besonders (akademisch) qualifizierte neue Mitarbeiter mit der Perspektive auf Führungspositionen, bei dem einerseits der Trainee auf eigene Erfahrung und Beobachtung gestützte Kenntnisse vieler für seine künftige Tätigkeit relevanten Bereiche erhalten soll, andererseits das Unternehmen konkrete Rückschlüsse auf geeignete Einsatzfelder ziehen kann.

Externe Bildungsmaßnahmen – Auswahlkriterien für Auftragsvergabe (*auch in: Unternehmensführung Kap.3.1):*
- Referenzliste
- Qualifikation der Dozenten
- Nachweis der eingesetzten didaktischen Methoden

- Technische Ausstattung
- Professionelles Qualitätsmanagement
- Preis-Leistungs-Verhältnis
- Räumliche Nähe
- Niveau, Tauglichkeit der Unterlagen
- Einstufungstests vor den Maßnahmen
- Unterstützung bei Umsetzung nach der Maßnahme
- Testat, Prüfung, Zeugnis am Ende der Maßnahme

1.6 Projektmanagement

2012 Früh, Aufg.7

Definition (Bestandteile)

2011 Herbst, Aufg.7 a | 2013 Herbst, Aufg.7a

-inhaltlich abgegrenzter Problemkreis
- feste gegebene Zielsetzung
- zeitlich begrenzte Aufgabe
- begrenzte Ressourcen
- spezielle, häufig (aber nicht unbedingt zwingend) matrixartige Organisation; weitgehend hierarchiefreie Teamstruktur.

Projektorganisation: Beteiligte

2013 Herbst, Aufg.7b

Auftraggeber / Lenkungsausschuss: startet Projekt; entscheidet über Ressourcen; ist Adressat von Berichten

Projektleiter: verantwortlich gegenüber Auftraggeber; setzt die Ressourcen ein; organisiert, koordiniert, kontrolliert

Projektteam: ausführendes Organ; meist formelle Gruppe; evtl. wechselnde Zusammensetzungen

Steuerungsgruppe = Projektleiter plus Mitglieder des Lenkungsausschusses; Koordination zwischen Teilprojekten; Abstimmung über erforderliche Anpassungsmaßnahmen.

Projektauftrag (Inhalte)
2011 Früh, Aufg. 2 b | 2014 Herbst, Aufg.1a
- Anordnende Instanz
- Kunde / Auftraggeber
- Ziele
- Projektrahmen
- Limitierungen
- Kosten /Budgets
- Ressourcen
- Phasen und Zeitpläne
- Strategie
- Risiken
- getroffene Annahmen
- Aufgaben
- Zuständigkeiten

Projektziele – Anforderungen:
Messbare Ziele: Quantifizierung des Erfolgskriteriums
Erreichbare Ziele: Machbarkeitsstudien
Widerspruchsfreie Ziele: Interessenkonflikte / Prioritäten
Projektrahmen = wen betreffen die Veränderungen?
Abteilungen/Personen/Gebiete/Verfahren/Produkte/Kunden.
Strukturfragen:
Ganz oder teilweise Freistellung der Team-Mitglieder von Aufgaben in der „Linie"? *(siehe unten „Organisationsformen")*
Dauer der Arbeit am Projekt bzw. einzelnen Projektphasen?
Einsatz externer Personalressourcen?
Ressourcenplanung
- benötigte Qualifikationen;
- erforderliche Anzahl der Team-Mitglieder;
- Zeitbedarf der einzelnen Projektphasen;
- Gesamt-und Teilbudgets;
- Einsatzmittel;
- Informationsbedarf und Informationsfluss;
- eventuell vorhandener Raum-/Platzbedarf.

Projekt: Organisationsformen

2011 Früh, Aufg. 2 a | 2011 Herbst, Aufg.7 b |2012 Herbst, Aufg. 6 | 2014 Herbst, Aufg.1b | 2015 Herbst, Aufg.2a

reine Projektorganisation: Freistellung der Projekt-Mitarbeiter, Weisungsbefugnis des Projektleiters für die gesamte Projektdauer; Vorteile: Volle Konzentration auf das Projekt, keine Konflikte über personelle Ressourcen mit der Linienorganisation; Nachteile: auf Dauer Isolierung des Teams und seiner Mitglieder, Probleme der Re-Integration nach Projektabschluss, Ersatz für die Projektdauer in der Linienorganisation.

Stab-Projektorganisation: rein beratende und eingeschränkt koordinierende Funktion einer Stabsstelle der Geschäftsführung als Projektmanagement, Entsenden von Mitarbeitern aus den Abteilungen in der Linienorganisation als Zusatzaufgabe; Vorteile: keine organisatorischen Einschnitte, Linienfunktionen bleiben weit gehend unbeeinträchtigt; Nachteile: geringe Eingriffsmöglichkeiten des Projektleiters, Gefahr der Zurückstellung von Projektarbeiten hinter Routineaufgaben.

Matrix-Projekt-Organisation: fachlich uneingeschränkte Verantwortung der Projektleitung, disziplinarische Befugnis jedoch weiter in der Linie, eventuell teilweise Freistellung der Mitarbeiter des Teams von Aufgaben in der Linie; Vorteile: Integration von Spezialisten in Projektteam ohne Verlust des Kontakts in die Linie; Nachteile: Konfliktpotenzial zwischen Projektleitung und Linieninstanzen.

Entscheidungskriterien für Wahl der Organisationsform:

– Größe des Projekts;
– Projektdauer;
– Komplexität des Projekts;
– Struktur des Projektteams;
– Bedeutung des Projekts für das Unternehmen;
– evtl. vorhandener Zeitdruck für das Erreichen von Zielen.

Phasen des Projektmanagements

2011 Herbst, Aufg.7 c / 2015 Herbst, Aufg.2b

1. Konzept und Definition des Projekts;
2. Projektplanung: Struktur und Ablauf, Termine, Ressourcen und Kosten, Festlegung von Zwischenzielen („**Meilen-Steinen**“).
3. Plandurchführung (Umsetzung, Realisierung): schrittweise Verwirklichung des Plans bei ständiger Kontrolle des Fortschritts durch Soll-/ist-vergleiche.
4. Abschluss: Kontrolle der Zielerreichung, Sicherung der Erfahrungen, Erstellen eines Abschlussberichts *(siehe unten)*.

Aufgaben des Projektmanagements

2013 Früh, Aufg. 6a

Anforderungs-, Termin-, Risiko-, Informations-, Kostenmanagement; Projektsteuerung, -abschluss und –kontrolle

Planungsinstrumente

2013 Früh, Aufg. 6b

Netzplantechnik *(2014 Herbst, Aufg.1c)*

Ermittlung aller in der Durchführung des Projekts auftretenden Teilaufgaben und Definition als Vorgänge; Feststellung des Zeitbedarfs (Dauer) für jeden einzelnen Vorgang; Analyse der wechselseitigen Abhängigkeiten der einzelnen Vorgänge, z. B. als Ende-Anfang-Beziehung; Umsetzung in grafische Darstellung als verzweigter Ablaufplan. Abfolge der Vorgänge ohne Zeitpuffer = **kritischer Pfad**.

Gantt-Diagramm:

Ermittlung von Zeitbedarf und Terminen für alle Tätigkeiten und grafische Darstellung unter einer Zeitschiene durch Balken.

Konfliktarten, Konfliktursachen:

- Zielsetzung (**Bewertungs-K.**)
- Strategie; Wege (**Beurteilungs-K.**)
- Mittelverteilung; Zuordnung von Ressourcen (**Verteilungs-K.**)
- Persönliche Verhaltensweisen (**Beziehungs-K.**)

Probleme (Risiken) von Projekten *(2013 Herbst, Aufg.7c):*

- fehlerhafte / unrealistische Zielsetzung;
- unzureichende Mittel / Zeit;
- unzureichende Kompetenzen der Projektleitung;
- unklare Verantwortlichkeiten;
- Überforderung (inhaltlich / zeitlich) von Mitgliedern;
- ungenügende Kontrolle während des Projekts;
- fehlende Objektivität in Beurteilungen;
- Probleme der Re-Integration nach Projektende.

Phasen der Gruppendynamik*:*

- Orientierung (**Forming**): Erste Konfrontation mit Aufgabe und Begegnung mit Team
- Konflikt (**Storming**): Rangordnungskämpfe; Konflikte um Stellung, Kompetenzen, Ressourcen;
- Kooperation (**Norming**): Entwicklung gemeinsamer Normen und Werte, Herausbildung eines Wir-Gefühls;
- Integration (**Performing**): Konstruktive Lösung von Problemen, Fokussierung auf Projektaufgabe.

Projektabschluss *(2013 Früh, Aufg. 6c)*

Auswertung der Erfahrungen:

- Abschlussbericht;
- Dokumentation des Ablaufs, insbesondere der Meilensteine;
- Soll-/Ist-Vergleich Zielvorgabe / Zielerreichung;
- Soll-/Ist-Vergleich geplante / verbrauchte Ressourcen incl. Einhalten bzw. Überschreiten der Zeitplanung;
- Merksätze der zentralen Fehler bzw. Erfahrungen für künftige Projekte;
- evtl. Vermerke hinsichtlich Personalentwicklung.

2. Informations- und Wissensmanagement

Im RSP: „Instrumente und Methoden des Informations- und Wissensmanagement beurteilen"

Daten = einzelne Fakten; hier: Digital vorliegende Fakten
Information = zusammenhängendes Paket von Daten zu einem Thema
Wissen = auf Informationen beruhende Kenntnis von Zusammenhängen

2.1 Informationsmanagement

2013 Früh, Aufg. 7a

Grundanforderungen:
Verfügbarkeit = jeder Mitarbeiter hat bei Bedarf Zugang zu den für die Erledigung seiner Aufgaben notwendigen Daten im Rahmen seiner Berechtigungen.
Datenintegrität = Übereinstimmung der gespeicherten Daten mit den tatsächlichen Werten (bei Dokumenten: **Authentizität**)
Vertraulichkeit = Zugriff abgestuft für Lesen – Schreiben – verändern – Anliegen – Löschen; **Datenschutz** für personenbezogene Daten

Aufgaben bei Einführung von Informationsmanagement
- Analyse des Informationsbedarfs
- Definition der Anforderungen
- Planung der Struktur
- Klärung der technischen Voraussetzungen
- Implementierung eines Informations-Management-Systems

Grundlagen für Ausschreibung und Vertrag:
Lastenheft – erstellt der Auftraggeber
Pflichtenheft – erstellt meist der Auftragnehmer als Vertragsbestandteil.
Inhalte von Lasten-/Pflichten Heft
- Anforderungen und Funktionen
- Einsatzbereiche
- IT-Umgebung
- Datenmodell
- Informationsfluss
- Ansprechpartner und Verantwortliche
- Termine; Meilensteine

Support
- Installationen einrichten
- Anpassen an spezielle Anforderungen
- Einweisung und Schulung
- Hilfe bei Anwendungsproblemen
- Aktualisierung und Pflege
- Durchführung der Datenübernahme („Migration") aus altem System
- Systemerweiterungen.

Software

2014 Früh, Aufg.5a

Source-Code = Programm-Quelltext; Voraussetzung für Fehlerbeseitigung und Veränderung des Programms
Open Source = offen vorliegender verfügbarer Quelltext
Closed source = unter Verschluss gehaltener Quelltext
Customizing = Anpassung der Software an spezifische Anforderungen des Kunden.

Informationsquellen, interne
- Rechnungswesen
- Warenwirtschaftssysteme
- Aktivierung des Wissens aller Mitarbeiter
- Data Warehouse
- Checklisten
- FAQ-Listen

Informationsquellen, externe *2015 Herbst, Aufg.3b*
- Forschungsinstitute
- Bibliotheken
- Verbände
- Behörden

Wissensbilanzen

2013 Herbst, Aufg.8

Darstellung der Entwicklung des „intellektuellen Kapitals“ eines Unternehmens.

Zweck: Veranschaulichung des Zusammenhangs zu Unternehmenszielen, Geschäftsprozessen und Geschäftserfolg. Grundlage für strategische Planung, Dokumentation des „wahren“ Werts des Unternehmens.

Bestandteile:

Humankapital = mit den Mitarbeitern verbundene Kompetenzen, Qualifikationen und Fertigkeiten

Strukturkapital = Rahmenbedingungen im Unternehmen für die Mitarbeiter zur Erfüllung ihrer Aufgaben

Beziehungskapital = für die Geschäftstätigkeit nutzbare Kontakte zu Kunden, Lieferanten, Anteilseignern, Kooperationspartnern und Öffentlichkeit („Stakeholder“).

Analysemethoden

Wertanalyse

2013 Früh, Aufg. 7c; nach RSP Teil des Fachs „Unternehmensführung", Kap. 1.5

Untersuchung der Funktionen bzw. Bestandteile von Produkten oder Prozessen mit dem Ziel, sie nach ihrer Bedeutung für das angestrebte Ergebnis oder für die Kundenzufriedenheit einzuteilen in unverzichtbare Hauptfunktionen, weniger wichtige Nebenfunktionen und verzichtbare Funktionen. Daraus können dann z.B. Maßnahmen abgeleitet werden, durch Reduktion weniger wichtiger Funktionen Produktionskosten im Rahmen von „target pricing" zu reduzieren oder den Zeitbedarf von Prozessen zu verkürzen.

FMEA: standardisierte Ermittlung der Ursachen für Entwicklungen, Abweichungen, Fehler. Reihenfolge: Menschen – Maschinen – Material – Methoden – Milieu – Messung – Management.

Workflow: systematische Gliederung mehrstufiger Arbeitsprozesse, um Ablauffolgen inklusive der Abhängigkeitsverhältnisse deutlich und beherrschbar zu machen.

Netze und Datenbanken

2011 Herbst, Aufg.9 | 2015 Herbst, Aufg.3c

Data Warehouse

Zusammenführung der Daten aus verschiedenen unternehmensinternen Quellen in ein möglichst einheitliches Format. Liefert die Datenbasis für über greifende Analysen und Entscheidungsvorbereitung. Zugleich können automatische periodische Auswertungen des Datenbestandes programmiert werden (**Data-Mining**), bei denen der Datenbestand nach statistischen Verfahren auf Strukturen und Zusammenhänge analysiert wird.

Intranet = Verbindung von Rechnern in einem Unternehmen nur zur internen Nutzung.
Extranet = Zugriff auch für externe (Kunden, Lieferanten).
Server/Client: Server bietet Leistungen an, Client nimmt Leistungen in Anspruch.

Informationsspeicherung: Formate

proprietäre Formate = Spezialprogramme, deren Format bzw. Code nicht offen gelegt ist; zum Datenaustausch mit anderen Programmen spezielle Konvertierungssoftware erforderlich.
Standardisierte Formate = als Open Source Software auf Grundlage einer übergeordneten Normierung entwickelte Programme.

Informationsspeicherung: Inhalte

Meta-Informationen = zu den eigentlichen Informationen hinzugefügte Informationen über diese Informationen; Zweck: Beschreibung und Erschließung der Kerninformationen, z. B. durch Stichworte und zusätzliche Angaben.

Datenschutz *(2011 Früh, Aufg.1 | 2012 Herbst, Aufg.7 | 2015 Herbst, Aufg.3c)*

Auf die Wahrung des Rechts auf informationelle Selbstbestimmung zielendes System von Regeln für Erhebung, Speicherung und Verarbeitung personenbezogener Daten.
Rechtsgrundlage: Bundesdatenschutzgesetz.
Prinzip: Speicherung und Verarbeitung personenbezogener Daten nur mit Einwilligung des Betroffenen oder soweit durch ein Vertragsverhältnis notwendig oder wenn gesetzlich legitimiert.
Datensparsamkeit: Erhebung von Daten nur im erforderlichen Umfang, also so weit wie für die Erfüllung der Aufgabe notwendig.
Zweckbindung: Speicherung und Verarbeitung nur für die angegebenen Aufgaben.

Vorgänge Begriffe:
Speichern = Erfassen, Aufnehmen oder Aufbewahren personenbezogener Daten auf einem Datenträger zum Zweck ihrer weiteren Verarbeitung oder Nutzung.
Verändern = inhaltliches Umgestalten gespeicherter personenbezogener Daten.
Übermitteln = Bekanntgeben gespeicherter oder durch Datenverarbeitung gewonnener personenbezogener Daten an einen Dritten.
Sperren = Kennzeichen gespeicherter personenbezogener Daten zur Einschränkung weiterer Verarbeitung oder Nutzung.
Löschen = endgültiges Unkenntlichmachen gespeicherter personenbezogener Daten.
Anonymisieren = Veränderung personenbezogener Daten in der Weise, dass die Informationen keiner Person mehr zugeordnet werden können.
Pseudonymisieren = Ersetzen von Namen durch andere, um die Identifikation auszuschließen.

Datensicherheit = Gesamtheit der technischen und organisatorischen Maßnahmen zur Verhinderung von Verlust oder Manipulation von oder unbefugtem Zugang zu Daten.
Risiken: Menschen; Technik; Umwelteinflüsse.
Datensicherheit-**Maßnahmen**
- sorgfältige Auswahl der IT Mitarbeiter;
- Verpflichtung der Mitarbeiter auf Sicherheitsrichtlinien und Schulungen zu Sicherheitsfragen;
- Regelung der Zugangsberechtigungen (Benutzernamen, Passwort, Rechte);
- Sicherung des Zutritts zu IT-Räumen;
- Schutz der Netze vor Datendiebstahl, Missbrauch, Sabotage (Firewall; Proxy-Server);
- Backup-Verfahren.

2.2 Wissensmanagement: Aufgaben und Methoden

2013 Früh, Aufg.8

Systematische Steuerung und Kontrolle des im Betrieb vorhandenen Wissens; Behandlung als Produktionsfaktor.
Ziel: das gesamte für die betriebliche Leistungserstellung relevante Wissen, auch das aller Mitarbeiter, allen Mitarbeitern bei Bedarf zugänglich machen.

Wissensmanagement: Themen
Fachwissen: Anwendungskenntnisse, fachspezifischer Methoden
eigenes **Unternehmen**: interne Prozesse, Stärken und Schwächen; Verantwortlichkeiten; Eigenheiten der Unternehmenskultur
Produkte: technische Merkmale, Funktionsweisen, Schwachpunkt und Fehlerquellen
Kunden: Ansprechpartner, spezifische Anforderungen, Prozesse
Märkte: Wettbewerber, Konkurrenzprodukte, Marktentwicklungen. Rechtliche Rahmenbedingungen: Gesetze und Verordnungen; vorhandene bisschen weise fremde Patente.

Wissen über Kunden
Customer Relationship Management
Problemstellungen:
wer pflegt die Daten?
wer kontrolliert die Qualität?
wer pflegt die Systemeigenschaften?
wer hat wann auf was Zuge?

Allgemeine **Problemfelder** des Wissensmanagements
- Erkennen der Relevanz des Wissens
- (Mit-) Teilen des Wissens
- Methoden der Dokumentation
- Zugriffswege und-Berechtigungen
- Aktualisierung und Pflege

Wissensformen

individuell = eines einzelnen Menschen
kollektiv = einer Gruppe von Menschen
strukturell = von Organisationseinheiten/-Ebenen

explizit = aus-drücklich bewusst vorhanden; verbal dokumentierbar und erklärbar.
implizit = selbstverständlich (vor-) bewusst vorausgesetzt; non-verbal, durch Zeigen und Vorführen vermittelbar.

Beziehungsnetzwerke

unternehmensinterne Netzwerke
regionale und/oder branchenspezifische Netzwerke

Management-Informationssystem

2012 Früh, Aufg.8 | 2014 Herbst, Aufg.2
Als Entscheidungsgrundlage für das Management implementiertes Berichtssystem durch Komprimieren und Extrahieren der Daten aus den verschiedenen einzelnen Anwendungssystemen (operative Informationssysteme) – *s. auch oben „web-mining"*

Wissensaufbereitung

Bearbeitung gewonnener Daten mit dem Ziel besserer Übersichtlichkeit durch Herausarbeiten von Zusammenhängen, Zusammenfassen von einzelnen Daten zu Teilmengen und Gruppierung.

Grafiken: Umwandlung von Daten (Zahlen) in beschreibende optische Darstellungen, vor allem als Säulen-oder Balken-Diagramme, Liniendiagramme, Kreisdiagramme.

Textrecherche

Suche nach Informationen innerhalb einer aus Texten bestehenden Datenbank durch Eingabe von Suchbegriffen.

Thesaurus: definierte begrenzte Menge von Schlagwörtern, die den Dokumenten bei der Speicherung als Meta-Informationen („Tags")mitgegeben werden können, so dass auch eine Suche nur unter Verwendung dieser Schlagwörter möglich und sinnvoll ist.

Index: meist automatisch software-gesteuert aus den gespeicherten Texten generierte Auflistung vorkommender Begriffe. Zur Suche kann jeder beliebige Begriff eingegeben werden und erzeugt eine Rückmeldung der Trefferzahl bzw. eine Anzeige der Fundstellen.

Volltextsuche: Eingabe einer kompletten Phrase oder von Sätzen bzw. Satzteilen zum Abgleich auf Identität mit Textstellen in der Datenbank.

Suchbegriffe können kombiniert eingegeben werden mit Angabe Ihrer logischen Verknüpfung, z.B. „und/oder", „und nicht". (Boole´sche Algebra)

3. Unternehmensentwicklung und Wissensmanagement

3.1 Wissenstransfer und –nutzung

2012 Herbst, Aufg.5 | 2013 Früh, Aufg.7b

Methoden des Wissenstransfers
Diskussionsforen im Intranet; Generierung/Aktualisierung von Checklisten; Handbücher; Kommunikation von Praxisbeispielen.
Innovationszirkel *2015 Herbst, Aufg.3a*
Arbeitskreise zum Generieren neuer Ideen und Problemlösungen.
QM-Gruppen (Qualitätszirkel) zur Kontrolle und Sicherung des Niveaus der Ergebnisse.

Möglichkeiten des **Intranet**:
Wikis; Diskussionsforen; e-learning; Groupwaresysteme.

Forum
virtueller Raum auf einem Server zur Nutzung für Diskussionen im Intranet. Strukturierung z.B. nach Gegenstand, Methoden, Häufigkeit, Aktualität, Bewertung.
Einzelner Eintrag = **Posting**; Gesamtheit der Postings zu einem Thema = **Thread.**

Content Management
„Verwaltung von Inhalt"; ein „**Content Management System**" (CMS) unterstützt folgende Tätigkeiten:
- Erstellen, Importieren und Verknüpfen von Inhalten

- Strukturieren und Verwalten von Inhalten
- Bereitstellen und Präsentieren von Inhalten
- Verwalten von Nutzern und Inhalten
- individualisierende Arbeit unter Nutzung des Inhalts.

Rollen:

Autoren = Hersteller und Bearbeiter des contents;

Manager (Redakteur) = Verantwortlicher für formale Korrektheit der Dokumente und ihre Freigabe;

Entwickler = Verantwortlicher für Datenbanken und Programme;

Administrator = Gesamtverantwortlicher für technische Sicherstellung und Organisation der Datenspeicherung

Blogs

Einfaches Content-Management-System, das meist nur von einem Nutzer persönlich mit Inhalt gefüllt wird. – Geeignet vor allem für die fortlaufende knappe Dokumentation eines Vorgangs ohne großen Anspruch an optische Aufbereitung.

Wikis

Zusammentragen von Informationen zu einem Thema durch viele User. - Keine oder geringe interne Hierarchien; Zugriff nicht nur zur Information, sondern auch zur Ergänzung / Änderung für jeden auf alle Inhalte. Einfache Möglichkeit der Eingabe bzw. Änderung mit Dokumentation aller Vorgänge inklusive wiederherstellen älterer Versionen.

E-learning

Lernen auf technische Grundlage von elektronischen Kommunikationssystemen. Im engeren Sinne: unter Nutzung von Servern über Internet. - **Vorteile**: ortsunabhängig, Wegfall von Zeit und Kosten für Anfahrt; durch Speicherung von Sitzungen und Lernfortschritten Reproduzierbarkeit, versäumte Sitzungen können als Aufzeichnung nachgeholt werden; vielfältige

Interaktionsmöglichkeiten; Individualisierung von Lerntempo und Lerninhalten möglich. – **Nachteile:** Ablenkung durch Umgebung; Lernhaltung nicht durch Lehrer kontrollierbar; keine Interaktion mit anderen Lernenden, fehlender Klassen-/Gruppen-Effekt.

Blended learning = Mischform aus Präsenzunterricht und e-learning.

3.2 Wissensmanagement: Grenzen

Häufige **Fehler**:
- Einführung ohne Einbeziehung der Mitarbeiter
- Erzeugen von Zeitdruck/Zeitmangel
- Überbewertung / Verselbstständigung von Technik
- Diskrepanz zwischen Anspruch und Wirklichkeit
- fehlerbehaftete Prämiensysteme.

Informationsaufbereitung: **Anforderungen**
- Einfachheit
- Übersichtlichkeit
- Prägnanz
- Stimulanz
- Gestaltung

3.3 Wissens-Transfer

Transfermanagement *2014 Herbst, Aufg.3*
Allgemein die Übertragung von Wissen, sowohl von („wissenden") Personen auf andere als auch zwischen Organisationseinheiten bzw. Funktionsbereichen. Dabei unterscheiden sich die Transfermöglichkeiten je nach Wissensformen. Ziel ist, das gesamte für die betriebliche Leistungserstellung relevante Wissen zu sichern und bei Bedarf zugänglich machen.- *siehe oben Kap.2.2, Wissensmanagement.*

Personalentwicklung *(siehe auch Kap. 1.5)*
2014 Früh, Aufg.7
Erfassung der Kompetenzen der Mitarbeiter
Gesamtübersicht (Kompetenzmatrix) der Kompetenzen
Förderung der Mitarbeiter und ihre Motivation
Führen durch Zielvereinbarung

Berufliche **Fortbildung**, Aufstiegsfortbildung (*s. Kap. 1.5*)
Erhaltung der beruflichen Fähigkeiten
Anpassung an veränderte berufliche Anforderungen
Weiterentwicklung der Kenntnisse und Fähigkeiten

Coaching = individuelle Beratung/Betreuung zur Förderung und Entwicklung der individuellen Leistungsfähigkeit und Kompetenzen.
Mentoring = Weitergabe von fachlichem Wissen und/oder methodischen Kenntnissen durch einen erfahrenen Mitarbeiter (Mentor) zur Förderung eines jüngeren bzw. neuen Mitarbeiters (Mentee).
Training = Vermittlung von Fähigkeiten durch einen Experten durch vormachen, üben, anleiten, korrigieren.

3.4 Bedeutung der integrierten Managementsysteme

2012 Früh; Aufg.8 | 2014 Früh, Aufg.6

Managementregelkreis

1. Analyse
2. Zielsetzung
3. Planung
4. Entscheidung
5. Realisierung
6. Kontrolle

Ziele:

Kontinuierliche Qualitätsverbesserung der Resultate des betrieblichen Leistungsprozesses;
Sicherstellen eines gleichmäßig optimierten Ablaufs der Prozesse;
stetige zuverlässige Erfüllung von Kundenanforderungen;
stetige zuverlässige Einhaltung der aus einer Zertifizierung folgenden formalen Anforderungen.

Managementsysteme-**Einführung**:

- Benennung eines Beauftragten
- interne Kommunikation der Bedeutung
- Festlegung der grundsätzlichen Orientierung
- Verankerung der erforderlichen Maßnahmen
- Festlegung quantifizierter Ziele
- Durchführung der Bewertungen
- Bereitstellung der Ressourcen.

Audit = Anhörung

normierte (DIN ISO 19011), also standardisierte systematische Vorgehensweise zur Bewertung von Abläufen und Strukturen durch Ist-Analysen und/oder Soll-Ist-Vergleiche. Im Fokus steht der exakt dokumentierte Nachweis einer genauen Einhaltung vorgegebener Methoden und Kriterien. Ziel ist allgemein, eine sichere Basis zur Leistungsverbesserung bzw. Stabilisierung des Leistungsniveaus zu erhalten.

Arten:
Erstparteien-Audit = vom Unternehmen selbst oder in seinem Namen durchgeführt (intern);
Zweitparteien-Audit = von Partnern (Kunden, Lieferanten) aufgrund vertraglicher Vereinbarung durchgeführt (extern);
Drittparteien-Audit = von unabhängigen Organisationen im Auftrag des Unternehmens durchgeführt (extern) – meist zur Erlangung einer **Zertifizierung**.

Anforderungen an Auditoren:
Diskretion, Wahrung der Vertraulichkeit;
wahrheitsgemäße und exakte Berichterstattung;
Sorgfalt und Qualifikation;
Unabhängigkeit und Objektivität;
nachvollziehbare und rationale Vorgehensweise.

Qualitätsmanagementsysteme

Anforderungen: niedergelegt in den Normen ISO 9000 ff.
Im Mittelpunkt steht **Prozessvalidierung** = Prüfung eines Prozesses auf hinreichende Zuverlässigkeit zur dauerhaften Erfüllung der Anforderungen.

Themen:
- Qualitätsplanung
- Qualitätslenkung
- Qualitätssicherung
- QM-Handbuch

QM: **Dokumentation**

Dokumentation muss enthalten:

- Qualitätspolitik und-Ziele;
- QM-Handbuch;
- QM-Verfahren;
- Dokumente zur Sicherstellung der Planung, Durchführung und Lenkung der Prozesse;
- laufende Aufzeichnungen des QM.

Das QM-**Handbuch** muss stets aktualisiert werden inkl. der Dokumentation von Änderungen mit deren Zeitpunkt.

Umweltmanagementsystem

Basis: DIN ISO 14000; EMAS (= Eco-Management and Audit Scheme).

Grundsätze

Vorsorgeprinzip: Einsatz von Maßnahmen zur Vorbeugung gegen das Auftreten von Umweltschäden.

Verursacherprinzip: Kosten für die Beseitigung von Umweltschäden sind von dem zu tragen, der für den Schaden verantwortlich zu machen ist.

Kooperationsprinzip: Mitwirkung aller Betroffenen (öffentliche Hand, Unternehmen, Einwohner) bei Entscheidungen und Maßnahmen zum Schutz der Umwelt.

Gemeinlastprinzip: wenn das Verursacherprinzip nicht greift (Verursacher nicht feststellbar; Verursacher rechtlich nicht mehr existent), muss die Allgemeinheit die Kosten der Beseitigung von Umweltschäden tragen.

Themen:

- Umweltpolitik
- Umweltschutz
- Umweltrecht
- Ökobilanz
- Umwelterklärung

Ökobilanz *(2015 Herbst, Aufg.4)*
Gegenüberstellung der von einem Unternehmen in einem bestimmten Zeitraum bezogenen Menge und Form an Materie und Energie (analog zur Mittelherkunft) und dem Ausstoß (analog zur Mittelverwendung). Dabei ist v.a. von Interesse, wie sich die zwischen Bezug und Verwendung erfolgende Umformung auf die Umwelt auswirkt.
Umweltauditgesetz als Umsetzung der EMAS regelt:
Umweltbetriebsprüfung;
Anforderungen an Gutachter und deren Zulassung;
Registrierung im EMAS-Register;
Erteilung von Fachkenntnisbescheinigungen;
Aufsicht über Gutachter.
Umwelterklärung – Inhalte:
genaue Bezeichnung des Unternehmens
Aufstellung aller umweltrelevanten Tätigkeiten
Daten über Verbrauchswerte und Emissionen
Bezeichnung der Verantwortlichen.

Sicherheitsmanagement
Generell der Bereich bestimmter technischer Systeme, die mit besonderen Sicherheitsrisiken verbunden sind.

Themen:
Arbeitsschutz,
Unfallverhütung
Datenschutz

Teilweise ist die Bestellung von Mitarbeitern zu **Beauftragten** für den entsprechenden Gefahrenbereich vorgeschrieben:
-Sicherheitsbeauftragte;
-Gefahrgutbeauftragte;
-Gefahrenstoffbeauftragte;
-Immissionsschutzbeauftragte.

Teil E – Führung und Zusammenarbeit

Nach den Empfehlungen des DIHK soll der Handlungsbereich „Führung und Zusammenarbeit“ mit 45 Punkten berücksichtigt werden; in der Prüfungswirklichkeit schwankte die hier vergebene Punktzahl bisher zwischen 34 und 48. Bei den Verweisen auf Klausuraufgaben wurde auf die Nennung der Situationsaufgabe verzichtet, da es sich in allen Fällen um die 2. Situationsaufgabe handelt. Einige der in den bisherigen Klausuren gestellten Aufgaben werden zwar in den Lösungshinweisen mit einem Gliederungspunkt aus dem Handlungsbereich „Führung und Zusammenarbeit“ versehen, gehören aber nach dem Rahmenplan zu den Themen „Personalführung“ und „Personalentwicklung“ im Fach Unternehmensführung in Teil A.

1. Zusammenarbeit, Kommunikation und Kooperation

1.1 Persönlichkeit und berufliche Entwicklung

Leistungsfähigkeit: die Gesamtheit der Kenntnisse und Fertigkeiten eines Menschen, aber auch die individuell unterschiedliche Begabung, diese zu kombinieren und sinnvoll einzusetzen.
Leistungsbereitschaft: die sich aus der individuellen Einstellung ergebende Motivation, die Leistungsfähigkeit auch abzurufen.
Einflussfaktoren: Selbstbild des Menschen; Wertesystem; Motivationsstruktur.

1.2 Sozialverhalten

Überwiegend in Kindheit und Jugend ausgeprägte Anpassung an das gesellschaftliche Umfeld. Dadurch im Kern geprägte, aber auch beim Erwachsenen stets veränderbare Formen der Interaktion mit anderen Menschen.

1.3 Aspekte bestimmter Personengruppen

Rechtliche Grundlage: Allgemeines Gleichbehandlungsgesetz (AGG); Verbot der Benachteiligung wegen Rasse, ethnischer Herkunft, Geschlecht, Religion oder Weltanschauung, Behinderung, Alter, sexueller Identität. Bei Verstößen eventuell Schadenersatz- oder Entschädigungsansprüche gegen den Arbeitgeber.

Einzelne Personengruppen - Angebote

- Jugendliche, Auszubildende *(siehe auch Kap.5 Ausbildung):* Rechtsgrundlage Jugendarbeitsschutzgesetz (JArbSchG); für Ausbildung: Berufsbildungsgesetz (BBiG).
- Senioren, ältere Mitarbeiter: Teilzeitangebote; Nutzen der Erfahrung durch Aufträge für Mentoring *(siehe Kap. 4.1)*
- Frauen: Betreuungsangebote für Kinder; flexiblere Arbeitszeitmodelle; Übergangsregelungen nach Mutterschutz.
- Mitarbeiterentsendung ins Ausland: Sprachunterricht; Hilfe bei Wohnungs- und Schulsuche für Familie; Garantien für Einsatz nach Ende des Aufenthalts
- Migranten: Angebote von Sprach- / Integrationskursen; Bilden „gemischter" Teams bzw. Gruppen; Sprecher und/oder Tutor für jede Kulturgruppe.

1.4 Zielorientiertes Führen: Führungsstile; Führungsmethoden

Grundlage: Unternehmensleitbild
(*Thema im Fach Unternehmensführung, RSP Teil A*).

Identifikation - mögliche Ursachen für mangelnde emotionale Bindung an die Firma:
- lückenhafter Informationsfluss;
- keine Einflussmöglichkeit;
- Gefühl der Vernachlässigung durch Vorgesetzte;
- Eindruck einer ungerechten Behandlung;
- Reaktion auf Überforderung.

Motivation - Maßnahmen:
- Verbesserung der internen Kommunikation / Information; - - Möglichkeiten für Mitarbeiter zur Stellungnahme;
- Mitwirkung der Mitarbeiter durch Vorschlagswesen;
- Angebote für Fortbildung;
- Einführung einer Umsatzbeteiligung;
- Prämien bei Zielerreichung *(siehe unten: MbO)* ;
- Durchführung von Gemeinschaftsveranstaltungen, Events.

Führungsgrundsätze
2014 Herbst, Aufg.2a
Aus dem Unternehmensleitbild (siehe Unternehmensführung, Kap.1) abzuleitende einheitliche Richtlinien für alle Führungskräfte über die grundsätzliche Haltung gegenüber Mitarbeitern, den zu praktizierenden Führungsstil (siehe unten) und die Einbindung von Mitarbeitern.

Führungsstile: autoritär; kooperativ; laissez-faire; situativ. *(2013 Herbst, Aufg.7a+b | 2014 Herbst, Aufg.2a || auch Thema im Fach Unternehmensführung, RSP Teil A 4.2 Personalführung)*

Autoritärer Führungsstil (*2013 Früh, Aufg. 2c | 2015 Herbst, Aufg.4*);
Kennzeichen: Entscheidungen durch den Vorgesetzten ohne Rücksprache und ohne Begründung.
Vorteile: klare Regelung des Informationsflusses; einheitliche Anweisungen; klare Zuständigkeit und Verantwortung.
Nachteile: fehlende Teilhabe der Mitarbeiter; rückläufige Motivation der Mitarbeiter; evtl. Überforderung des Vorgesetzten; Gefahr von Fehlentscheidungen.
Anwendung: Geeignet in Funktionsbereichen ohne hohe Anforderungen an Flexibilität und Kreativität wie z.B. Durchführung von Buchungen, Eingabe von Daten; bei unmotivierten, unselbständigen und/oder unqualifizierten Mitarbeitern.
Patriarchalischer Führungsstil unterscheidet sich davon durch besondere Fürsorge des Führenden (Unternehmers) für „seine" Mitarbeiter und entsprechend besonderer Identifikation und Treue der Mitarbeiter; „bürokratisch" durch eine rein formale Ableitung der Anweisungen aus starren Vorschriften.
- „Charismatischer Führungsstil" meint eine auf der persönlichen Ausstrahlung des Führenden beruhende Autorität und ist so gesehen auch kein „Führungsstil", sondern eine Form der Führungs-Kompetenz.

Kooperativer Führungsstil *(2015 Herbst, Aufg.4b)*
Kennzeichen: Entscheidungen durch den Vorgesetzten nach Rücksprache mit den betroffenen Mitarbeitern, argumentative Information über Entscheidungen, um Einhaltung aus Überzeugung zu erreichen.

Vorteile: Berücksichtigung aller Aspekte und Erfahrungen; Motivation der Mitarbeiter; qualifizierte Umsetzung.
Nachteile: Zeitbedarf; evtl. Verunsicherung der Mitarbeiter über Autorität des Vorgesetzten.
Anwendung: Geeignet in Funktionsbereichen mit höheren Ansprüchen an Flexibilität und Kreativität; bei motivierbaren und kompetenten Mitarbeitern.

„Laissez-faire"; genau genommen gar kein „Führungs"-Stil, sondern das Ausbleiben von Führung durch den Vorgesetzten. Einziger Vorteil: kreative und engagierte Mitarbeiter können sich entfalten.

Situativer Führungsstil;

Kennzeichen: je nach Situation, zu entscheidender Frage, betroffenem Funktionsbereich und Niveau der beteiligten Mitarbeiter mehr autoritäres oder mehr kooperatives Vorgehen

Mehrdimensionaler Führungsstil = Kombination aus zwei oder mehr Verhaltensaspekten; z.B. nach Blake / Mouton Kombination aus Personen- und Sachorientierung, jeweils auf einer Skala von 1 – 9. Dementsprechend bedeuten die Extreme: 1.9 = reine Orientierung an den persönlichen Interessen der Mitarbeiter; 9.1 = reine Sachorientierung ohne Rücksichtnahme auf persönliche Faktoren; 1.1 Minimum an Aufwand; 9.9 = hohe Sachorientierung verbunden mit Engagement und persönlicher Identifikation.

Management-Techniken (auch: Management-Methoden; Führungstechniken –nicht verwechseln mit Führungsstil!)
2013 Früh, Aufg. 2a | 2013 Herbst, Aufg.7c
Allen Methoden gemeinsam ist das Ziel, Führungsebenen zu entlasten und auf die wesentlichen Führungsaufgaben zu fokussieren, indem nachgeordneten Instanzen mehr Aufgabe und Verantwortung übertragen werden („**Management by**

delegation“). Resultierende Probleme und Aufgaben: Gefahr der Überforderung der nachgeordneten Instanzen; Problem der Organisation einer wirksamen Kontrolle.

Management by Objectives (MbO)
2012 Früh, Aufg. 4b | 2014 Früh, Aufg.1b
Führen durch Zielvereinbarungen; spezielle Vorteile u.a.: Motivation der Mitarbeiter durch an Zielerreichung gekoppelte Prämien; konkrete und transparente Maßstäbe für Beurteilung von Fortschritt und Zielerreichung.
Management by Exception (MbE) = Eingreifen der Führung bei Abweichung von einem vordefinierten Entwicklungspfad.
Management by Systems = weitgehende Selbstregulierung der einzelnen Systeme im Unternehmen auf Basis EDV-gestützter Verknüpfungen und Rückkopplungen.

Gegenstrom-Verfahren zur besseren Verbindung vorgegebener Ziele der Führungsebene („top-down“) mit Erfahrungen nachgeordneter Instanzen durch entsprechende Rückmeldung („bottom-up“).

Führungsdefizite *2014 Herbst, Aufg.2d*
Führungsmängel können auftreten in den Bereichen:
- Persönlichkeit;
- Verhalten;
- Fachkompetenz;
- Sozialkompetenz.

Mögliche Ursachen:
- emotionale Befindlichkeiten, z.B. privat verursachte Reizbarkeit;
- Stressfolgen, z.B. durch Überforderung, Konflikt mit eigenem Vorgesetzten;
- persönliche Sym- oder Anti-Pathien gegenüber einzelnen Mitarbeitern.

- Defizite im Wissensstand, fehlende Detailkenntnisse

Methoden zur Verbesserung:

Johari-Fenster

Unterscheidet in der Kommunikation zur Analyse von Selbst- und Fremdwahrnehmung die vier Bereiche:
- **öffentlich** = Bereich des freien Handeln (das bewusst angestrebte Ziel);
- **geheim** = Bereich des Verbergens (Absicht, Eigenheit oder Ziel, die nur dem Kommunizierenden bekannt sind und unerkannt bleiben sollen);
- **unerkannt** = blinder Fleck (Außenwirkung, die selbst nicht wahrgenommen wird)
- **unbekannt** = Bereich des Unbewussten (dem Kommunizierenden nicht bekannte und auch nach außen nicht offensichtliche Eigenheiten)

Ziel ist Erweiterung des Anteils des öffentlichen Bereichs durch Offenlegung des Verborgenen und Bewusstmachen des Unerkannten durch Rückmeldung.

1.5 Grundsätze der Zusammenarbeit

wie unter 1.4:

Rechtzeitige und ausreichende Information der Mitarbeiter; respektvoller Umgang; Möglichkeiten für Mitarbeiter zu Stellungnahme bzw. Mitwirkung; Vorbildfunktion der Vorgesetzten; Verhalten und Entscheidungen nach sachlichen nachvollziehbaren einheitlichen Kriterien.

2. Mitarbeitergespräche

2011 Früh, Aufg. 1

Modell der Vierseitigkeit von Nachrichten (**von-Thun)**
Sachinhalt: konkrete Information;
Selbstoffenbarung: unbewusst mitschwingende Darlegung der emotionalen Befindlichkeit;
Beziehung: durch Sprechweise, Körpersprache, Wortwahl, Mimik beeinflusste Manifestation des Verhältnisses zum andern;
Appell: Aufforderung zu einer Reaktion.

Grundsätze für Mitarbeitergespräche:
Vertraulichkeit („Vier-Augen-Gespräch"); störungsfreie Umgebung; sachliches Verhalten; respektvoller Umgang; aktives Zuhören; Gelegenheit zu Stellungnahmen; zielorientierte Führung; Anstreben einer einvernehmlichen Vereinbarung.

Ablauf eines Mitarbeitergesprächs:
2014 Herbst, Aufg.1
- **Vorbereitung**, inhaltlich (Anlass, Vorgeschichte, Fakten, Zielsetzung) und organisatorisch (geeigneter Raum, ausreichend Zeit);
- **Kontaktphase** (Begrüßung, Gesprächseröffnung; evtl. Einstieg mit Gemeinsamkeiten am Rande des eigentlichen Themas);
- **Orientierungsphase** (Benennung des Themas und der generellen Zielsetzung des Gesprächs);
- **Analysephase** (Sichtung der Informationen; Auswertung zur Erarbeitung eines einvernehmlichen Ergebnisses);
- **Lösungsphase** (Einigung über weiteres auch zeitliches Vorgehen);
- **Abschlussphase** (Zusammenfassung, Ausblick).

2.1 Anerkennungs- und Kritikgespräch

Vorbereitung:
Sammeln von Informationen durch Personalabteilung, ggf. direkte Vorgesetzte über familiäre Verhältnisse, beruflichen Werdegang, Persönlichkeitsentwicklung, Stärken und Schwächen, besondere Vorkommnisse, Fehlzeiten; Terminvereinbarung mit zeitlichem Vorlauf, Organisation eines geeigneten Raums, Organisation einer störungsfreien Situation, Einplanung ausreichenden Zeitfensters.

Ablauf eines Kritikgesprächs (zum generellen Ablauf eines Mitarbeitergesprächs siehe oben)
2013 Früh, Aufg. 1b
- Begrüßung, Gesprächseröffnung; Einstieg mit Betonung positiver Aspekte und Gemeinsamkeiten;
- Benennung der konkreten Kritikpunkte, evtl. mit Hinweis auf entsprechende Richtlinien, Regeln und Vereinbarungen;
- Benennung eingetretener negativer Auswirkungen (materielle oder finanzielle Schäden; Beeinträchtigung des Betriebsklimas);
- Gelegenheit zu Stellungnahme des Betroffenen;
- evtl. nähere Aufklärung der Informationen und Umstände;
- Erarbeitung einer einvernehmlichen Vereinbarung über weiteres auch zeitliches Vorgehen, evtl. einschließlich Hinweis auf andernfalls drohender Konsequenzen;
- Zusammenfassung, evtl. Betonung unterstützender Maßnahmen und Angebote, Ausblick; evtl. bereits Vereinbarung eines Folgetermins.

2.2 Beurteilungsgespräch

Beurteilungskriterien; Gesprächsablauf; Beurteilungsfehler

2012 Früh, Aufg.6 | 2015 Herbst, Aufg.3

Gründe für Einführung eines Beurteilungssystems
2013 Herbst, Aufg.8a
- Ermittlung von Leistungsniveau der Mitarbeiter;
- Voraussetzung für Potentialanalyse;
- Basis für gezielte Personalentwicklung;
- Schaffung objektiver Voraussetzungen für Leistungszulagen;
- Material für Erstellung von (Zwischen-) Zeugnissen;
- Voraussetzung für gezielte Versetzungen zur Personalentwicklung.

Beurteilungsrichtung (Benennung jeweils nach dem Beurteilten, nicht nach dem Beurteilenden!)
- **Vorgesetztenbeurteilung**: Mitarbeiter beurteilen Vorgesetzte;
- **Mitarbeiterbeurteilung**: Vorgesetzte beurteilen Mitarbeiter;
- **Kollegenbeurteilung**: gegenseitige Beurteilung auf gleicher Hierarchie-Ebene
- **Selbstbeurteilung**: Mitarbeiter beurteilen sich selbst
- **360-Grad-Beurteilung** *(2013 Herbst, Aufg.8c | 2015 Herbst, Aufg.3c)*: Beurteilung v.a. von Führungskräften gleichermaßen als Vorgesetzten-, Mitarbeiter- und Kollegenbeurteilung sowie als Beurteilung durch Kunden.

Grundsätze für die Durchführung einer (Mitarbeiter-) Beurteilung:
- maximale Objektivität;
- vorbereiteter strukturierter einheitlicher Ablauf durch Verwendung von Beurteilungsformularen (siehe unten);

- einheitliche klare Kriterien der Beurteilung;
- Abgrenzung der zu beurteilenden Bereiche.

Bewertungssysteme / -kriterien:

- **freie Bewertung**: unstrukturiert erzählend oder teilstrukturiert durch Vorgabe von Fragestellungen, Verwendung von Beurteilungsformularen (siehe unten);

Gebundene Bewertungen:

- **Rangordnungsverfahren**: vergleichende Beurteilung einer begrenzten Zahl von Mitarbeitern nach gleichen Merkmalen zur Erstellung einer Rangliste; Auswertung insgesamt nach Platzierungssummen oder nach einzelnen Merkmalen möglich;
- **Einstufungsverfahren**: Beurteilung verschiedener Merkmale oder Eigenschaften auf einer mehrstufigen Skala.

Beurteilungsformulare (Beurteilungsbögen)

Geschlossene (gebundene) Form: Fragen und Antwortmöglichkeiten vorgegeben; Vorteil: Vergleichbarkeit; Transparenz; Zeitersparnis.

Freie Form: weitgehende Freiheit in Reihenfolge und Angabemethodik. Vorteil: Differenzierungen; Flexibilität.

Mischform: Kombination der Vorteile; Möglichkeit für Kommentare zu Bewertungen.

Beurteilungsfehler: *2015 Herbst, Aufg.3d*

- **Übernahmefehler** = Wiederholung einer früheren Beurteilung unter Verkennung eingetretener Änderungen;
- **Halo-Effekt** = Rückschluss von bekannten Eigenschaften / Verhaltensweisen auf unbekannte;
- **Hierarchieeffekt** = tendentiell bessere Beurteilung bei höherer Stellung;
- **Primacy-Effekt** = stärkere Gewichtung der ersten Eindrücke;

- **Recency- (Nikolaus-)Effekt** = stärkere Gewichtung jüngerer Ereignisse;
- **Andorra-Phänomen** = Anpassung des Verhaltens an Erwartungen / Vorurteile der Umwelt, damit Selbsterfüllung der Beurteilung;
- **Pygmalion-Phänomen** = Anpassung des Verhaltens an Erwartungen, Vorurteile des Vorgesetzten;
- **Kontrastfehler** = unbewusste Verfälschung des Urteils durch Vergleich mit anderem Mitarbeiter oder eigenem Verhalten;
- **Projektions- (Ähnlichkeits-)fehler** = Übertragen von Eigenschaften oder Problemen auf den zu Beurteilenden;
- **Tendenzfehler** = entweder aus der persönlichen Einstellung des Beurteilenden oder Verwendung eines falschen Maßstabs resultierende Verzerrung in eine Richtung („Tendenz zur Milde" bzw. „Tendenz zur Strenge") oder („Tendenz zur Mitte") aus Unsicherheit Vermeiden eindeutiger Urteile.

3. Konfliktmanagement

3.1 Konflikte: Ursachen und Abhilfe

2011 Herbst, Aufg. 3 | 2012 Früh, Aufg 5 | 2014 Herbst, Aufg.4a+b

Konfliktarten:

Fehlende Kenntnis und Achtung der Arbeit anderer; Abhilfe durch regelmäßige Treffen, Bildung von Teams.

Fehlende Kenntnisse aufgrund mangelnder Information; Abhilfe durch Organisation des Informationsflusses, Durchführung von Workshops.

Fehlende Verständigungsbereitschaft; Abhilfe: gemeinsames Erarbeiten von Kommunikationsrichtlinien, Objektivierung der Vorteile besserer Kommunikation

Unterschiedliche Zielvorstellungen oder Wertebasis; Abhilfe: Erarbeiten gemeinsamer Ziele, Leitsätze; externe Seminare.

Neid, Missgunst, Empfinden von ungerechter Behandlung; Abhilfe: Konfliktgespräch zur Offenbarung der Ursachen; Objektivierung der Beurteilung, Entlohnung.

3.2 Vermeidung von Konflikten

Konfliktfelder:

Bewertungskonflikte = Uneinigkeit über Ziele; Vorbeugung durch verbindliches und akzeptiertes Leitbild.

Beurteilungskonflikte = Uneinigkeit über Weg; Vorbeugung durch Erstellung einer Übersicht aller Möglichkeiten, Erarbeitung gemeinsamer Entscheidungskriterien.

Beziehungskonflikte = Uneinigkeit über die Zusammenarbeit; Vorbeugung durch klare Zuständigkeiten und Verhaltensprinzipien.

3.3 Umgang mit Konflikten

Mediation („Vermittlung")

2014 Herbst, Aufg.4c

Sachliche Ermittlung der bestehenden Differenzen durch den Mediator; gemeinsame Analyse mit den Konfliktparteien. Ziel ist ein Konsens zwischen den Parteien.

Vorgehensweise:

- Vorbereitung; der Mediator sammelt und sichtet alle wesentlichen Informationen;
- Gesprächsorganisation; Einladung an alle Beteiligten:
- Stellungnahmen der Betroffenen;
- mit Anleitung des Mediators Suche nach Konsenspunkten;
- Formulierung von Kompromissvorschlägen;
- Treffen einer verbindlichen Vereinbarung.

Moderation

s.u. 6. Moderation von Projektgruppen

3.4 Überwindung von Widerständen gegen Veränderungen

Ursachen für Widerstände:
- generelle Angst der Menschen vor dem Unbekannten;
- Angst vor Überforderung;
- Bequemlichkeit;
- Furcht vor dem Verlust von Privilegien.

Vorbeugende Maßnahmen:
- Umfassende und rechtzeitige Information;
- Einbeziehung von Meinungen und Vorschlägen.
- Kommunikation der Motive und Vorteile.

Rollen – Typologie
(auch im Fach Unternehmensführung RSP Teil A 4.2.4 Gruppen)
Außenseiter – integrieren
Informelle Führer – kooperieren
Wichtigtuer – limitieren
Saboteure – isolieren
Clown – mit Sachfragen einbeziehen
Verweigerer – beauftragen
Schüchterner - fördern
Aggressiver Meinungsführer – isolieren.

4. Mitarbeiterförderung

Job-Enlargement, -Enrichement, -Rotation im Fach Unternehmensführung

Job-Enlargement: Erweiterung des Aufgabenbereichs;
Job-Enrichement: „Anreicherung“ des Aufgabenbereichs;
Job-Rotation: Tausch der Aufgabenbereiche.

4.1 Personalentwicklung

2011 Herbst, Aufg. 1a | 2013 Früh, Aufg. 1a | 2013 Herbst, Aufg.9a | 2015 Herbst, Aufg.2

Ziele Unternehmen: qualifiziertere Mitarbeiter; Kundenzufriedenheit; Kostenersparnis durch optimale Arbeitsabläufe; Wettbewerbsvorteile
Ziele Mitarbeiter: Gehaltsverbesserung; Aufstiegschancen; Zufriedenheit; persönliche Entwicklung

Lernende Organisation – Ziele

2012 Herbst, Aufg. 6 | 2014 Früh, Aufg.3a+b

Veränderungs-/Verbesserungsbereitschaft aller Mitarbeiter
Kritikfähigkeit und Objektivität auf allen Ebenen
Hohe Lernbereitschaft
Offene sachliche Kommunikation
Systematische Erfassung und Weitergabe von Wissen
Stete Motivation zur Optimierung von Prozessen

Maßnahmen

2011 Herbst, Aufg. 1b |2013 Früh, Aufg. 1c | 2014 Früh, Aufg.2c

On the job = direkt am Arbeitsplatz (Vorteil: praxisnah, gewohnte Umgebung; Nachteil: Störungen möglich, weniger theoretisch);

Off the job = Seminare extern (Vorteil: ungestört; spezialisiert; Nachteil: praxisfern, kostspielig);

Near the job = arbeitsplatznahe Förderung

Into the job = Einarbeitung

Einarbeitung

2014 Früh, Aufg.1c

Speziell auf die rasche Befähigung zum Bewältigen eines neune Aufgabenfeldes abgestimmte Maßnahmen; u.a.:

Checklisten, wer in welchem Zeitraum mit welchen Inhalten von wem mit welchen Methoden vertraut gemacht wird;

Mentoring *(siehe unten);*

Einführungstag mit u.a. Begrüßung durch Vorgesetzten, Vorstellung bei Kollegen, Rundgang durch für den Mitarbeiter relevante Betriebsteile, Einweisung in den Arbeitsplatz.

Insbesondere für **Führungskräfte:**

2012 Früh, Aufg. 3b | 2012 Herbst, Aufg. 5

Coaching = individuelle Beratung / Betreuung zur Förderung und Entwicklung der individuellen Leistungsfähigkeit und Kompetenzen.

Mentoring

2012 Herbst, Aufg. 6d | 2014 Früh, Aufg.3cProjekt

Weitergabe von fachlichem Wissen und/oder methodischen Kenntnissen durch einen erfahrenen Mitarbeiter (**Mentor**) zur Förderung eines jüngeren bzw. neuen Mitarbeiters (**Mentee**).

Trainee = Jung-Akademiker, der als Orientierungsphase zunächst verschiedene Bereiche des Unternehmens durchläuft.

Ziele *2011 Herbst, Aufg. 1c:*
- Erhöhung der Motivation;
- Verbesserung der Qualität;
- Verstärkung der Identifikation;
- Entwicklung der Persönlichkeit.

Seminare:
Teil A Fach Unternehmensführung Kap. 4.3.1 Fortbildung
Auswahlkriterien Seminaranbieter:
- Kosten?
- Referenzen?
- Evaluation; Qualitätskontrollen?
- Ausstattung technisch, räumlich?
- Qualifikation der Referenten, Moderatoren?
- Unterlagen?
- Unterstützung bei Transfer in die Praxis?

4.2 Potentialanalyse

2013 Herbst, Aufg.9b | 2014 Früh, Aufg.2a | 2014 Herbst, Aufg.3 | 2015 Herbst, Aufg.3

Systematische Erfassung von Stärken, Schwächen und speziellen Eigenheiten der Mitarbeiter unter dem Aspekt, eine objektive Basis für den Einsatz passender Maßnahmen der Personalentwicklung zu gewinnen und/oder eine Beurteilungsgrundlage für die interne Beförderung.
Einheitliches Schema mit Aufstellung von verschiedenen Anforderungen bzw. Eigenschaften zur Bewertung auf normierter Skala; zugleich Basis für die Erstellung eines (graphischen) Profils und einen Vergleich der Entwicklung im Laufe der Zeit.

4.3 Personaleinschätzung

Indikatoren

2014 Früh, Aufg.2b

Mögliche Anhaltspunkte zur Beurteilung von Motivation und Engagement der Belegschaft:

- Fluktuationsrate;
- Bewerbungsquote auf interne Stellenausschreibungen;
- Anzahl der Meldungen für zusätzliche freiwillige Aufgaben;
- Bewerbungen auf Weiterbildungsangebote.

Polaritätenprofil

(2013 Herbst, Aufg. 9c | 2014 Früh, Aufg.2a;
auch Teil A, Fach „Unternehmensführung", Kap. 3.2)

Beurteilung der **Kompetenzen** von Mitarbeitern, insbes. Führungskräften auf einer Skala, meist von 1 – 5 für die Bereiche:

- Fachkompetenz: Kenntnisse im Tätigkeitsbereich;
- Methodenkompetenz: Beherrschen von Entscheidungs- und Führungsmethoden, organisatorischen Techniken;
- Sozialkompetenz: kommunikative Fähigkeiten, Teamfähigkeit;
- persönliche Kompetenzen: Belastbarkeit, Leistungsfähigkeit.

5. Ausbildung

2011 Früh, Aufg. 2a

Ausbildungsordnung *(2015 Herbst, Aufg.1)*
Nach Berufsbildungsgesetz erforderliche Grundlagen für jeden Ausbildungsberuf, die von einem Bundesministeriu als Rechtsverordnung erlassen werden und in der festgelegt wird:
- Bezeichnung des Ausbildungsberufs;
- Ausbildungsdauer;
- Fertigkeiten und Kenntnisse, die Gegenstand der Berufsausbildung sind (Ausbildungsberufsbild);
- Ausbildungsrahmenplan als Anleitung zur sachlichen und zeitlichen Gliederung der Ausbildung;
- Prüfungsanforderungen.

Einführungstag Ablaufplan
- persönlicher Empfang; lockere Begrüßung;
- Betriebsbegehung;
- Information über betriebliche Einrichtungen wie Kantine, Erste-Hilfe, Pausenräume, Freizeiteinrichtungen; Parkmöglichkeiten bzw. Haltestellen öffentl. Nahverkehr;
- Vorstellen der Ansprechpartner;
- Vorstellung der Jugendvertretung;
- Erläuterung des Ausbildungsplans;
- Erklären des Ausbildungsnachweises bzw. Berichtsheftes;
- Hinführung zur ersten Ausbildungsstation oder Erläuterung des Ablaufs einer Einführungswoche.

5.1 Rechtliche Rahmenbedingungen

Möglichkeiten, das partielle Fehlen von betriebsinternen Voraussetzungen für die Durchführung der Ausbildung auszugleichen:

Verbundausbildung nach § 10 Abs. 5 BBiG: Zusammenschluss bzw. Kooperation mit anderen Unternehmen

Außerbetriebliche Ausbildung, z. B. in einem befreundeten Unternehmen, das die fehlenden Inhalte vermitteln kann

Überbetriebliche Ausbildung: Die fehlenden Inhalte werden in einem von der zuständigen Stelle anerkannten Lehrgang vermittelt.

Verkürzen der Ausbildungsdauer:

Die Ausbildungszeit kann bei berechtigtem Interesse auch in Form einer Teilzeitausbildung erfolgen(§ 8 BBiG). Verkürzungsmöglichkeit besteht bei einem höheren Bildungsabschluss. Die Verkürzung muss durch gemeinsamen Antrag von Ausbildendem und Auszubildendem bei der zuständigen Stelle beantragt werden.

5.2 Ausbilder-Eignungsverordnung

Fragen bei Einführung betrieblicher Ausbildung:

- Welche Berufe kommen für das jeweilige Unternehmen in Frage?
- Wie lange dauert die Ausbildung in der Regel?
- In welcher Berufsschule erfolgt der zu dieser Ausbildung gehörende Unterricht?
- Welche Anforderungen werden an die betriebliche Ausstattung gestellt?

- Gibt es spezielle Anforderungen an die fachliche Eignung des Ausbilders?

Handlungsfelder der Prüfung (*2013 Herbst, Aufg.10b*):
- Ausbildungsvoraussetzungen prüfen, Ausbildung planen;
- Ausbildung vorbereiten, bei Einstellungen mitwirken;
- Ausbildung durchführen;
- Ausbildung abschließen.

5.3 Anforderungen an Ausbilder

2011 Früh, Aufg. 2b | 2013 Herbst, Aufg.10 | 2015 Herbst, Aufg.1

Persönliche Eignung; setzt „Unbescholtenheit“ voraus. Keine Eignung z.B. bei früheren wiederholten oder schweren Verstößen gegen das BBiG und bei Verbot der Beschäftigung von Kindern und Jugendlichen.
Fachliche Eignung; Nachweis der erforderlichen Fertigkeiten, Kenntnisse und Fähigkeiten durch eine entsprechende Abschlussprüfung, z.B. AdA-Prüfung (**Ausbildungsbefähigung**)
Pädagogische Eignung; nachgewiesene methodische Kompetenz zum Planen, Durchführen und Kontrollieren der Ausbildung.
Ausbildungsberechtigung: setzt neben dem Vorliegen der Eignungen eine abgeschlossene Berufsausbildung des Ausbilders und die Zulassung des Unternehmens als Ausbildungsbetrieb voraus.

Aufgaben von Ausbildern - Beispiele:
- Schaffen lernfördernder Bedingungen;
- Herstellen einer motivierenden Lernkultur;
- Organisation und Gestaltung der Probezeit;
- Entwicklung betrieblicher Übungsaufgaben;

- Auswahl und Einsatz geeigneter Methoden;
- individuelle Unterstützung bei Lernproblemen;
- Förderung auch der sozialen und persönlichen Entwicklung der Auszubildenden;
- Bewertung von Leistungen.

Ausbildungsbeauftragte: Fachkräfte, die unter der Verantwortung des Ausbilders in ihrem jeweiligen speziellen Fachbereich Fertigkeiten und Kenntnisse an die Auszubildenden vermitteln. Voraussetzung an die persönliche Eignung wie beim Ausbilder.

5.4 Beteiligte und Mitwirkende an der Ausbildung

Unternehmen, Ausbilder, Berufsschule, Industrie- und Handelskammern.

5.5 Individuelle Bildungsmaßnahmen

- Lehrgespräche
- Kooperationen mit anderen Unternehmen zum zeitweisen
- Austausch
- Exkursionen
- Schulungen
- Vorträge durch externe Spezialisten

5.6 Prüfungsdurchführung

Regelungen in den jeweiligen Ausbildungsordnungen.
Ausgabe der **Anmeldung**sformulare durch zuständige Stellen an die Betriebe.
Zwischenprüfung zur Hälfte der Ausbildungszeit geht nicht in die Endnote ein, muss aber abgelegt werden.
Schriftliche Prüfung zu theoretischen Sachverhalten; **mündliche Prüfung** häufig als Kombination aus Präsentation zu einem vom Auszubildenden selbst gewählten Thema mit anschließendem Fachgespräch oder **praktische Prüfung** mit Anfertigung von Arbeitsproben.
Bei **Nichtbestehen** kann 2x wiederholt werden; die Ausbildungszeit verlängert sich bis zur nächsten Prüfung, längstens um ein Jahr.

5.7 Ausstattung und Ergonomie der Arbeitsumgebung

Grundlagen: Ausbildungsordnung und Jugendarbeitsschutzgesetz

5.8 Unterweisung

Leittextmethode
schriftliche Anleitung zum selbstständigen Lernen. Zu einer allgemeineren Leitfrage informieren sich die Auszubildenden selbst und planen konkrete Schritte. In Absprache mit dem Ausbilder erfolgt die Entscheidung für einen Lösungsvorschlag. Durchführung und Auswertung finden sowohl in Selbst- als auch Fremdkontrolle statt.

Methode kommt nur in Betracht, wenn der Auszubildende bereits über Grundkenntnisse verfügt und entsprechend motiviert ist.

4-Stufen-Methode
1.: Vorbereitung
Vorbereitung des Arbeitsplatzes und der Hilfsmittel,
Vorbereitung des Auszubildenden und des Ausbilders,
Lernziel und Thema werden dem Auszubildenden genannt
2:. Vorführung
Ausbilder führt vor und erklärt die einzelnen Lernschritte
Bewertungskriterien werden genannt
3. Nachvollziehen durch den Auszubildenden, falls erforderlich wird vom Ausbilder korrigierend eingegriffen
4. Abschluss/Erfolgskontrolle
Zusammenfassung mit eigenen Worten bzw. eine nochmalige Durchführung durch den Auszubildenden werden vom Ausbilder gefordert, eventuelle Fertigkeits- und Kenntnislücken werden dabei geschlossen, der Bezug zur Praxis wird hergestellt und das Üben veranlasst sowie die Eintragung ins Ausbildungsnachweisheft.

Beispiele für die **Anwendung weiterer** nicht ausbildungsspezifischer **Methoden**:
Kurzvortrag; Vorführung; Rollenspiel; Brain-storming; Diskussion; Mind-mapping.

5.9 Außer- und überbetriebliche Ausbildung

Außerbetriebliche Ausbildung = überwiegend öffentlich finanzierte Berufsausbildung, geregelt im Sozialgesetzbuch, zum Ausgleich von bestimmten Benachteiligungen Jugendlicher; kann im Zusammenwirken von speziellen, von der Agentur für Arbeit beauftragten Bildungsträgern für den theoretischen und Ausbildungsbetrieben für den praktischen Teil erfolgen. Eventuell auch Eingliederung entsprechender Einrichtungen („Lehrwerkstätten“) innerhalb dieser Bildungsträger.

Überbetriebliche Ausbildung ergänzt die übliche Aufteilung des dualen Systems zwischen Ausbildungsbetrieben und Berufsschulen in der Weise, dass in mehrwöchigen Lehrgängen in Werkstätten z.B. bei Kammern und Innungen Kenntnisse vermittelt werden, die insbesondere kleinere Betriebe auf Grund ihrer Ausstattung nicht leisten können (siehe Kap. 5.1)

5.10 Maßnahmen der Personalentwicklung

(siehe Kap. 4)

6. Moderation Projektgruppen

(siehe auch Wissens- und Transfermanagement, Kap.1.6)

Projekt ist eine besondere, vom üblichen Ablauf klar abgegrenzte und zeitlich befristete Aufgabenstellung.

Verhältnis Projekt – Linie: Die Mitarbeiter im Projekt-Team können je nach zeitlicher Anforderung durch das Projekt entweder ganz oder teilweise von ihren bisherigen Aufgaben frei gestellt werden oder die Projektarbeit zusätzlich bewältigen. Bei völliger Freistellung: Vorteil der Konzentration auf Projekt, Nachteil des Kontaktverlustes zu Organisation, Isolation des Projekts.

Projektziel

Anforderung an Formulierung nach SMART-Formel
2013 Herbst, Aufg.7d | 2014 Früh, Aufg.1a
SMART =
Spezifisch (präzise; klar abgegrenzt)
Messbar (quantitative Kriterien auch bei qualitativen Zielen für Soll-Ist-Vergleich, Kontrolle der Zielerreichung)
Attraktiv (auch: akzeptiert; anspruchsvoll)
Realistisch (erreichbar aber „sportlich")
Terminiert (Festlegung eines Zeitrahmens bzw. Zeitpunkts)
<u>Hinweis:</u> Wenn bei Klausuraufgaben ein Ziel zu formulieren ist, kann vom Korrektor meist schwer beurteilt werden, ob es „attraktiv" und „realistisch" ist, aber es sollte auf jeden Fall ein quantitatives Kriterium und ein Termin in der Antwort genannt werden!

6.1 Arbeitsgruppen, Teams und Projektgruppen

Besetzung von (Projekt-)Gruppen – Kriterien:
- bei zu geringer Anzahl an Beteiligten Gefahr von Überforderung;
- bei zu großer Anzahl an Beteiligten Gefahr von Ineffektivität;
- benötigte Fach- und evtl. auch Leitungs-Kompetenzen;
- zu berücksichtigende Abteilungen, Bereiche;
- persönliche Eignung der Beteiligten nach sozialer und kommunikativer Kompetenz;
- Zeitbedarf; Verträglichkeit mit Aufgaben in der Linienorganisation, Fachabteilung.

Phasen der Gruppendynamik
2014 Früh, Aufg.4b
- Orientierung (**Forming**): Erste Konfrontation mit Aufgabe und Begegnung mit Team
- Konflikt (**Storming**): Rangordnungskämpfe; Konflikte um Stellung, Kompetenzen, Ressourcen;
- Kooperation (**Norming**): Entwicklung gemeinsamer Normen und Werte, Herausbildung eines Wir-Gefühls;
- Integration (**Performing**): Konstruktive Lösung von Problemen, Fokussierung auf Projektaufgabe.

Kommunikation in Gruppen:
„sternförmig" = Sammeln und Verteilen der Informationen durch einen Koordinator;
„netzförmig" = unkoordinierte Kommunikation aller miteinander; Regelfall bei informellen Gruppen.

Vorteile von Projektarbeit
2014 Früh, Aufg.4a
- Bündelung von Kompetenzen, Spezialwissen verschiedener Bereiche;
- Ansporn zu Kreativität und neuen Ansätzen;
- Förderung von Kooperationsfähigkeit über das Projekt hinaus;
- persönliche und fachliche Weiterentwicklung der Beteiligten;
- Entwicklung von Methodenkompetenz;
- Belebung der Motivation von Mitarbeitern.

6.2 Moderieren: geteilte Moderation; Vorbereitung; Kreativitätstechniken; Nachbereitung

Moderation = Gestaltung eines kreativen Lösungsprozesses in einer Gruppe durch einen an der Kommunikation Beteiligten, der auf Einhaltung von Kommunikationsregeln und Zielorientierung achtet und zwischen Positionen, Thesen und Vorschlägen vermittelt. Bei **geteilter Moderation** Wechselspiel zwischen zwei Moderatoren, teilweise zur Belebung der Diskussion durch forcierte gegensätzliche Positionen, teilweise zur Arbeitsteilung zwischen inhaltlicher Beteiligung und Steuerung einerseits und Koordination und Zusammenfassung andererseits.

Aufgaben des Moderators:
- Teilnehmer und sich selbst vorstellen;
- Klärung von Thema und Zielsetzung;
- Vermittlung von Verhaltensregeln, eventuellen Zeitvorgaben;
- Festlegung und Kontrolle des Ablaufs;
- Aufgreifen und Sortieren von Ideen;

- Strukturierung nach gemeinsamen Merkmalen;
- Gewichtung und Bewertung der aufgekommen Ideen.

Anforderungen an den Moderator:
- fachliche Kompetenz für die Strukturierung des Themas und der Beiträge;
- methodische Kompetenz im Einsatz der technischen Mittel;
- natürliche Autorität;
- kommunikative Kompetenz.

6.3 Steuern von Arbeits- und Projektgruppen

Probleme in Projektgruppen:
- Fachliche Überforderung von Mitgliedern;
- Zeitliche Belastung;
- Interessenkonflikte mit Linienorganisation
- Konflikte um Ressourcen
- Interne Konflikte

6.4 Projektabschluss

Probleme bei Einführung und Gegenmaßnahmen:
- fehlende Akzeptanz in der Anwendung; Schulung, rechtzeitige Einbindung;
- Abwehr aus Angst vor Veränderungen; Einbindung aufgeschlossener Mitarbeiter als Multiplikatoren, key-user;
- fehlerhafte Anwendung, Umsetzung; Schulung, Optimierung des Projektergebnisses nach Vorschlägen der Betroffenen;
- rechtliche Bedenken; objektive Informationen durch externe Sachverständige.

Auswertung der Erfahrungen:
- Abschlussbericht;
- Dokumentation des Ablaufs, insbesondere der Meilensteine;
- Soll-/Ist-Vergleich Zielvorgabe / Zielerreichung;
- Soll-/Ist-Vergleich geplante / verbrauchte Ressourcen incl. Einhalten bzw. Überschreiten der Zeitplanung;
- Merksätze der zentralen Fehler bzw. Erfahrungen für künftige Projekte;
- evtl. Vermerke hinsichtlich Personalentwicklung.

7. Präsentationstechniken

2012 Herbst, Aufg. 7 | 2013 Früh, Aufg. 3

Die Unterpunkte nach RSP:
7.1 Ziel und Gegenstand einer Präsentation
7.2 Voraussetzungen für eine erfolgreiche Präsentation
7.3 Präsentation: Thema und Ziel; Zielgruppe; Vorbereitung
7.4 Präsentation: Umsetzung
lassen sich nicht sinnvoll isoliert darstellen. Die bisher gestellten Klausuraufgaben bezogen sich auch stets auf mehrere dieser Unterpunkte

Grundsätzliches **Vorgehen**:
- **Organisation:** Termin und Zeitraum; Raumreservierung; rechtzeitige vollständige Einladung; Präsentationstechnik; Unterlagen für Teilnehmer, evtl. incl. Bewertungsformulare; Bewirtung; Beteiligte incl. Begrüßung und Schlusswort.
- **Zielgruppenanalyse**: Beschaffen und Auswerten von Informationen über Alter, Herkunft, Interessenlage, Vorbildung, Hierarchiegrad, Zeitbudget und Anzahl der Teilnehmer.
- **Präsentation:** Einleitung mit aufmerksamkeitsstarker These; Hauptteil mit Visualisierung der Struktur des Vortrags; sparsame (graphische) Verwendung von Zahlen; Zusammenfassung als Pointierung im Hinblick auf anschließende Fragen, Diskussion.

Gestaltungsmittel *2011 Früh, Aufg. 4a*
- Text (lesbar, knapp, verständlich, strukturiert)
- Grafiken (zum Unterstreichen oder Hervorheben der Aussage; keine Ablenkungen)
- Diagramme (grafische Darstellung von Statistiken zur Verdeutlichung von Kernentwicklungen; Ablaufdiagramme).

Inhaltliche Vorbereitung der Präsentation – Fünf-Phasen-Modell:
1. Sammeln und übersichtliches Auflisten aller relevanten Informationen;
2. Analyse dieser Informationen auf Struktur und gemeinsame Merkmale durch Sortieren;
3. Gliederung des Stoffs unter Straffung auf einen „roten Faden";
4. kritische Durchsicht und Überarbeitung auf Stringenz der Darlegung und Zeitbedarf, Vorbereitung von hand-outs;
5. Notizen als Gedankenstützen und für den Vortrag belebende Beispiele, Bonmots etc.

Struktur der Präsentation im Einzelnen
2011 Früh, Aufg. 4b

Einleitung: max. 15% des Umfangs; kann je nach Anlass und Zielgruppe enthalten:
- Begrüßung (evtl. durch Vorgesetzten als Gastgeber);
- Selbstvorstellung (Name, Funktion, Verhältnis zum Thema)
- knappe Einstiegsthese oder Zitat oder Faktum, evtl. auch als rhetorische Frage zur Bindung der Aufmerksamkeit und Einbeziehung der Zuhörer;
- Formulierung des Themas, evtl. knappe Information über Struktur und Zeitdauer der Präsentation;
- inhaltliche Einführung, Darstellung der Ausgangslage als Hinführung zum Hauptteil.

Hauptteil: in erster Linie abhängig von der Themenstellung; z.B. Gegenüberstellung von Entscheidungsalternativen: Begründung der Entscheidungskriterien, Erläuterung der Alternativen nach gleichem Schema; oder Vorstellung eines neuen Angebots: Darlegung von Grundnutzen des Angebots, Abgrenzung der Zielgruppe, Begründung von Zusatznutzen für diese Gruppe, Vergleich mit entsprechenden Eigenschaften des Angebots, Ableitung der Grundrichtungen im Marketing-Mix.

Schlussteil: Empfehlung; Zielformulierung; Leitmotto. Dank an die Teilnehmer. – Evtl. durch andere Person: Moderation einer Diskussion; Verabschiedung.

Auswertung

2011 Herbst, Aufg. 2

Bewertungsbögen zur Beurteilung von Inhalt, Nutzen und Form der Präsentation mit Notenskala; direkte Reaktion durch Applaus, Diskussionsbeteiligung; indirekte Reaktion durch spätere Nachfragen, Bestellungen, Kontakte.

Hilfsmittelliste 2013

Seit dem Prüfungsjahr 2013 sind die zugelassenen Hilfsmittel neu wie folgt geregelt:

Alle Qualifikationsbereiche:
dokumentenechtes Schreibmaterial I Lineal I netzunabhängiger, nicht kommunikationsfähiger Taschenrechner

Handlungsspezifische Qualifikationen

siehe „Alle Qualifikationsbereiche“ I zusätzlich Gesetzestexte, insbesondere I Arbeitsgesetze | Bürgerliches Gesetzbuch I Handelsgesetzbuch | Allgemeines Gleichbehandlungsgesetz bzw. Gesetzessammlungen, in denen diese Gesetze Bestandteil sind I zusätzlich IHK-Formelsammlung für Fachwirte*

* Diese wird von der IHK zur Verfügung gestellt.

Stichwortverzeichnis

3

A

B

L

M

Q

R

S

Literatur

Prüfungswissen kompakt für Industriefachwirte zu den Handlungsbereichen:
- Wissens- und Transfermanagement
- Führung und Zusammenarbeit
- Marketing und Vertrieb
- Produktionsprozesse
- Finanzwirtschaft

jeweils einzeln erhältlich als eBook bei amazon.